L'Afrique au risque d'une cybercolonisation

Collection « Études africaines »

dirigée par Denis Pryen et son équipe

Forte de plus de mille titres publiés à ce jour, la collection « Études africaines » fait peau neuve. Elle présentera toujours les essais généraux qui ont fait son succès, mais se déclinera désormais également par séries thématiques : droit, économie, politique, sociologie, etc.

Dernières parutions

Chrysostome CIJIKA KAYOMBO, *L'éducation des adultes en Afrique*, 2023.

Chrysostome CIJIKA KAYOMBO, *Alphabétisation et développement en Afrique*, 2023.

Patrick MILABYO KYAMUSUGULWA, *Gouvernance locale et reconstruction communautaire. L'est de la R.D. Congo*, 2023.

Ari GOUNONGBÉ, *L'individu collectif, Ubuntu au quotidien et en clinique psychologique*, 2023.

Jérôme OLLANDET, *La France et le Congo-Brazzaville, Histoire d'une marche singulière*, 2023.

Hans Peter HAHN, Alain Joseph SISSAO, Amado KABORÉ et Kathrin KNODEL (dir.), *L'avenir des ONG en Afrique de l'Ouest,* 2023.

Rose Mama DIOUF, *Réseaux sociaux numériques et jeunes. Penser les enjeux éthiques des usages,* 2023.

Moumouni SOUMANO, *Mali. L'intervention internationale à l'épreuve de la crise malienne*, 2023.

David YESAYA, *La réussite sociale du migrant postcolonial en France, Une analyse socio-littéraire dans les romans de Karine Tuil, Faïza Guène, Karim Amellal et El Hadji Diagola*, 2023.

Emmanuel LOCHA MATESO, *Écrire le Congo : De Conrad à Césaire*, 2023.

Moustapha SÈYE, *Pêcher pour survivre en Afrique. Les aires marines protégées au chevet de la pêche artisanale au Sénégal ?* 2023.

Fatoumata Bernadette SONKO, *Femmes sous silence au Sénégal. Une fabrique du patriarcat*, 2023.

José Do Nascimento et Djimgou Ngameni

L'Afrique au risque d'une cybercolonisation

L'Harmattan

Des mêmes auteurs

José Do Nascimento

La Pensée politique de Cheikh Anta Diop, L'Harmattan, juillet 2020, nouvelle édition, avril 2021.

Les Chemins de la modernité en Afrique, L'Harmattan, 2017.

Les technologies numériques comme miroir de la société, sous la direction de José Do Nascimento et Roger Bautier, L'Harmattan, 2013.

La démocratie à l'épreuve de la société numérique, sous la direction de Ahmed Dahmani, José Do Nascimento, Jean-Michel Ledjou, Jean-Jacques Gabas, Karthala, 2007.

Storia Del Continente Africano, una lettura razionale e sintetic, Qui Edit, 2015.

La renaissance africaine comme alternative au développement, sous la direction de José Do Nascimento, L'Harmattan, 2008.

Djimgou Ngameni

Souveraineté numérique et cyberdéfense : un enjeu de taille pour l'Afrique, LARC, 2021 (2e édition).

Cyberstratégie africaine — tome I, LARC, 2021.

5-7, rue de l'École-Polytechnique – 75005 Paris
www.editions-harmattan.fr
ISBN : 978-2-14-031056-0
EAN : 9782140310560

Introduction

Ce livre est le fruit d'une collaboration intellectuelle entre un ingénieur et un juriste pour saisir la configuration du cyberespace aujourd'hui en Afrique.

Une telle collaboration ne peut être qu'heuristique, car le cyberspace, c'est à la fois des infrastructures techniques et des rapports qui s'y nouent et qui appellent à une régulation.

L'Internet comme technologie de communication est une innovation de l'armée américaine apparue peu avant la fin de la Seconde Guerre mondiale. N'ayant pas eu l'occasion de faire usage de cette invention, l'armée américaine, pour diverses raisons, céda celle-ci au monde universitaire américain. Les universitaires virent très vite les opportunités que présentait cette invention en termes de communication intra-groupe, puis envisagèrent de la développer sous la forme d'un espace inédit de communication ouvert à tous. Ce fut là l'invention de l'Internet comme cyberespace ayant pour vocation de devenir un espace de liberté pour communiquer et échanger.

Mais dès son ouverture au grand public, les usages et pratiques qui se développèrent transformèrent cet espace en un véritable *Far West* sans foi ni loi, car à côté des usages d'échanges et de communication s'invitèrent aussi les usages d'intrusion, d'appropriation sans consentement et de manœuvres dolosives. Il aura fallu tout le patient labeur des juges, du législateur et des associations pour hisser enfin cet espace au rang d'espace policé. Cependant, même policé, un espace n'échappe pas aux logiques de puissance. C'est ainsi que le cyberespace s'est progressivement construit comme un espace policé certes, mais aussi comme un espace dont la configuration était de plus en plus l'expression des intérêts d'acteurs politiques, économiques, financiers ou industriels dominants, etc.

Au nombre des acteurs politiques dominants, on trouve les grandes puissances étatiques qui très vite ont vu dans l'outil informatique et le cyberespace des outils efficaces pour servir leurs ambitions géopolitiques.

C'est ce dont atteste dès les années soixante-dix le spécialiste américain de géostratégie Zbigniew Brezinski, qui dans son livre Révolution technétronique (Calmann-Lévy, 1971), considérait déjà que la puissance informatique des États-Unis serait le moyen de la victoire sur la puissance soviétique.

Aujourd'hui, l'attraction géopolitique des grandes puissances pour l'outil informatique et le cyberespace est décuplée par l'avènement des nouvelles technologies, telles que l'intelligence artificielle, l'impression 3D, la réalité augmentée, l'ordinateur quantique, la blockchain, etc. Le gouvernement américain publiait à ce propos en octobre 2016 un rapport intitulé *Le Plan stratégique national de recherche et de développement de l'intelligence artificielle*, soulignant l'importance géopolitique des nouvelles technologies numériques.

Dans le même temps, la Chine est devenue le pays investissant le plus de budget dans la recherche sur les intelligences artificielles, dépassant les États-Unis en la matière. Le plan de développement national chinois de l'IA vise à faire passer son poids de 150 milliards de yuans environ (19 milliards d'euros) à l'horizon 2020, à 400 milliards de yuans (49 milliards d'euros) d'ici 2025. Pékin a d'ailleurs affiché en juillet 2017 son ambition de devenir le numéro un mondial en 2025 dans le domaine de l'intelligence artificielle.

L'impact géopolitique du cyberespace est devenu tel que les puissances rivales des USA cherchent à créer des frontières au sein même du cyberespace. Tel est le cas du Runet[1] pour désigner l'Internet russe, ou encore du projet *Bouclier doré*[2] en ce qui concerne la Chine.

Au nombre des acteurs économiques dominants on trouve les géants du numérique qui à travers leur modèle économique d'offre de produits et de services (de centre de données, de câbles sous-marins, de laboratoires de haute technologie, logiciels, plateforme, etc.) offrent surtout des formations et des technologies qui permettent aux entreprises étrangères de s'approprier les données, les talents (développeurs) et les innovations dues aux usages locaux et ainsi en exporter la valeur ajoutée sans retombées autres sur les sociétés africaines que celle de l'accès à la consommation de produits numériques. C'est ce dont attestent aussi les offres des GAFAM américains et des BHATX chinois.

Cette configuration du cyberespace comme prolongement des logiques de puissance en compétition dans le monde réel peut être saisie à travers le prisme de divers concepts. Nous l'analyserons ici à travers le prisme du concept de colonisation en raison du souci panafricaniste qui voit dans la configuration actuelle du cyberspace en Afrique un risque possible de

[1] Le Runet (mot composé de *Russia* et de *Network*) désigne ce qu'on appelle communément l'Internet russe ou russophone, soit la partie du cyberespace sous contrôle de l'État de Russie.

[2] Le « Bouclier doré » est un projet de surveillance et de censure d'Internet géré depuis son lancement en 2003 par le ministère de la Sécurité publique de la République populaire de Chine. C'est en général à cela qu'on fait référence quand on parle de « l'Internet chinois ».

cybercolonisation. Celle-ci est-elle déjà réelle ? Et si oui, quels sont les lieux et modalités de ses manifestations ?

Existe-t-il une mobilisation des mouvements panafricanistes face à ce risque de cybercolonisation ? Comment est-ce que ces mouvements perçoivent l'outil numérique ? Ont-ils développé une pensée sur cette thématique ? Autant de questions auxquelles nous allons tenter de répondre dans ce livre.

Chapitre I

La notion de cyberespace

Au regard de sa centralité dans le fonctionnement des sociétés modernes, le cyberespace en tant que concept fait l'objet d'une étude approfondie par la plupart des pays dans le monde, à l'exception des États africains. En effet, rares sont les documents officiels, les études universitaires, les livres ou autres publications des Africains à propos des TIC et du numérique qui commencent par définir rigoureusement ce concept. Alors qu'ailleurs, des centres de recherche pluridisciplinaires se sont penchés sur la question depuis la fin des années 1990, l'Afrique se complaît dans une approche superficielle et donc incomplète.

À notre avis, c'est cet impensé qui est la cause principale de la limite des stratégies africaines de transformation numérique sur le continent. Ce sont ces stratégies qui malgré elles entretiennent notre dépendance technologique vis-à-vis des grandes puissances. Ne pas comprendre le cyberespace dans toute sa complexité, ne pas l'interroger à partir de nos propres grilles d'analyse, nous condamne à ne pas tenir compte de toutes les implications (stratégique, politique, économique, etc.) qui en découlent. C'est habité par cet impératif que nous proposons, sur la base des études existantes, une lecture approfondie du cyberespace sans laquelle il n'est pas possible de penser la question de la cybercolonisation de façon cohérente.

I – La genèse du cyberespace : chronologie historique

Comme il est désormais coutume de le rappeler, le mot « cyberespace » a été utilisé pour la première fois dans un ouvrage intitulé Neuromancer, œuvre littéraire de science-fiction publiée en 1984 par William Gibson. Pour choisir cette appellation, Gibson s'est inspiré du concept de « cybernétique » qui serait initialement inventé par le mathématicien français André-Marie Ampère [1834], et popularisé par les travaux du mathématicien américain Norbert Wiener, suite à la publication en 1948 de son livre éponyme[1]. Cependant, dans un article publié à cet effet[2], nous avons clairement montré que le terme « cybernétique », quelle que soit la signification qu'on donne au mot grec [kubernêsis, Kubernêtikê] dont il découle, puise son origine étymologique dans la civilisation égyptonubienne. Oui, le concept de cybernétique a une étymologie africaine !

Dans son ouvrage devenu culte, William Gibson (par ailleurs fondateur du mouvement cyberpunk[3]) définit le cyberespace comme étant « une hallucination consensuelle vécue quotidiennement en toute légalité par des dizaines de millions d'opérateurs, dans tous les pays, par des gosses auxquels on enseigne les concepts des mathématiques… ».

---

[1] Norbert Wiener, *Cybernetics or Control and Communication in the Animal and the Machine*, 1948.

[2] Djimgou Ngameni, *Des origines africaines du « cyber »*, 2020.

[3] Issu de la confluence entre les mots *cybernétique* et *punk* (ou hacker et rocker), le cyberpunk est un genre particulier de science-fiction qui met souvent en scène un futur proche empreint de violence et de pessimisme, avec une société technologiquement avancée.

Si cette description du cyberespace semble plus relever d'une expérience de pensée qu'autre chose, Gibson dans ce même livre en propose une autre qu'on pourrait dire plus « prémonitoire ». Il évoque un espace tridimensionnel d'une « infinie complexité », généré électroniquement, dans lequel ses personnages entrent en se connectant par ordinateur.

Il s'agit là d'une représentation mentale des données et de l'information stockées au cœur des systèmes informatiques de toute l'humanité, qui va alimenter des mouvements tels que le cyberpunk, et que vont s'approprier des générations d'internautes. Mais surtout, cela va servir de base aux pionniers du réseau internet qui vont s'en inspirer pour le concevoir et le développer à l'origine comme un espace de liberté et d'ouverture, décentralisé, autogéré, etc. C'est ce qui transparaît par exemple dans la Déclaration d'indépendance du cyberespace, texte publié en 1996 par un membre de l'Electronic Frontier Foundation[1] (EFF).

De la fiction à la réalité…

Mais rappelons qu'à ce stade le cyberespace relève de la science-fiction, écrite par un romancier ! Au cours des années quatre-vingt-dix, la plupart des pays ont procédé à l'installation massive des infrastructures de communication afin de suivre l'initiative américaine, qui domine la construction des réseaux depuis le projet Arpanet en 1969 jusqu'aux débuts d'Internet à partir des années 1990. Cela a abouti à l'expansion de la

---

[1] L'Electronic Frontier Foundation est une ONG de protection des libertés sur Internet créée aux USA en 1990. John Perry Barlow, un de ses membres, y a publié la *Déclaration de l'indépendance du cyberespace.*

connectivité à travers le monde, avec l'impact exponentiel qu'on a connu sur toutes nos activités quotidiennes.

Cependant, en dehors des petits cercles de spécialistes de science-fiction ou des membres de l'EFF, le terme cyberespace était ainsi provisoirement tombé aux oubliettes pour le reste du monde. On parlait alors de nouvelles technologies de l'information et de la communication (NTIC), pour désigner ce réseau d'infrastructures technologiques qui a permis l'échange des volumes de plus en plus importants de données, créant progressivement la société de l'information.

Cette expansion du réseau a généré progressivement de nouveaux risques et de nouveaux comportements (cybercriminalité) avec un pic à la fin des années 1990. C'est précisément à cette période-là que le terme cyberespace revient dans le débat public ! En effet, suite à l'attentat commis par Timothy McVeigh dans l'Oklahoma aux États-Unis en 1995[1], le président américain de l'époque Bill Clinton a créé un groupe de travail connu sous le nom de CIWG (Critical Infrastructure Working Group). C'est dans ce cadre que les membres dudit groupe vont intégrer la sécurité des systèmes informatiques dans le périmètre des infrastructures critiques de leur pays. Parmi eux, le juriste Michael Vatis travaillant pour le DoJ (département américain de la Justice) et qui venait de lire le roman de Gibson, a proposé l'usage du terme « cyberespace » pour désigner l'ensemble de tous les systèmes informatiques interconnectés des États-Unis. Ce qui fait de lui le premier à l'employer dans un contexte « officiel ».

[1] L'attentat d'Oklahoma City est un acte terroriste perpétré le 19 avril 1995 par Timothy McVeigh avec un véhicule piégé à l'explosif, visant le bâtiment fédéral Alfred P. Murrah et causant la mort de 168 personnes et faisant plus de 680 blessés (source Wikipédia).

À sa suite, le terme sera repris partout dans le monde et va rester dans le langage courant. On le retrouve notamment dans le discours des États qui, face aux nouvelles menaces engendrées par les réseaux, le désignent pour la première fois comme un territoire au sens géopolitique : c'est-à-dire un espace à conquérir, à délimiter, à surveiller et surtout à contrôler. De nos jours, on retrouve ce terme partout : l'influence du cyberespace ayant continué à grandir dans tous les domaines de la vie d'une nation (y compris le domaine militaire…).

Tout ceci a conduit les États-Unis, par la voix du secrétaire d'État à la défense de l'époque William J. Lynn III, à reconnaître publiquement le cyberespace dès septembre 2010 comme « le cinquième domaine de la guerre » au même titre que la mer, l'espace, la terre et l'air.

Pionnier de cette démarche, l'État américain a très vite revu sa stratégie de contrôle et d'influence dans ce nouvel espace, et a développé de nouvelles cybercapacités (offensives et défensives) pour la mettre en œuvre. La Chine et la Russie n'ont pas tardé à faire de même, ainsi que la France qui dans son Livre blanc sur la défense en 2013, marque un tournant décisif en indiquant explicitement que « le cyberespace est une priorité stratégique et les armes cybernétiques font désormais partie de l'arsenal ». En juillet 2016, ce sont les membres de l'OTAN qui dans une déclaration officielle reconnaissent le cyberespace comme « théâtre d'opérations » dans lequel ils doivent également se défendre. Ce qui, bien entendu, appelle à un développement de capacité cyber (offensive et défensive) pour y parvenir efficacement. Ainsi, loin du « village global » dont les plus naïfs rêvaient (les Africains notamment), le cyberespace est bel et bien un champ de conflit et un espace d'affrontement.

À quoi renvoie le Cyberespace de nos jours ?

Trente ans plus tard, l'usage du terme cyberespace renvoie bien souvent à des réalités différentes. Pour les profanes, il fait essentiellement référence à Internet, ce grand réseau public qui permet la circulation de l'information. Certains experts le définissent comme étant un espace « virtuel » constitué par l'ensemble des réseaux (réseau public Internet et réseau privé intranet) interconnectés. Pour l'ANSSI en France (Agence nationale de la sécurité des systèmes d'information) par exemple, c'est « l'espace de communication constitué par l'interconnexion mondiale d'équipements de traitement automatisé de données numérisées ». C'est cette définition de l'ANSSI qui est très paresseusement reprise et utilisée par certains pays de l'Afrique francophone dans leurs textes officiels.

Or à l'analyse, même si ces définitions (très orientées technique et technologique) reflètent une part de réalité, le cyberespace est un concept dont les contours restent assez flous au regard de l'usage qui en est fait par le grand public. Plusieurs chercheurs, experts, universitaires et même états-majors militaires dans le monde étudient d'ailleurs très rigoureusement la question en adoptant des approches parfois inattendues. Le politologue canadien Hugo Loiseau, par exemple, l'aborde du point de vue sociologique. Selon lui, « le cyberespace c'est la mise en réseau d'une représentation modifiée des activités humaines sous forme numérique et virtuelle ». Nombre d'études tendent aussi à explorer voire démontrer une analogie (au moins conceptuelle) entre le cyberespace et l'espace maritime afin de mieux le comprendre, de pouvoir ainsi l'expliquer et surtout le réglementer[1]. Il convient donc de constater que c'est une notion difficile à appréhender.

En l'état actuel des travaux disponibles, plusieurs remarques s'imposent : on note premièrement qu'il n'existe pas à ce jour une définition universelle et consensuelle du cyberespace. Aussi bien aux USA qu'en France, en Russie, en Chine, en Israël, en Iran, etc., à défaut d'une définition, il existe différentes représentations du cyberespace, chacun le concevant comme une projection de ses propres valeurs civilisationnelles et en fonction de ses intérêts stratégiques. Chaque acteur du cyberespace (États, individu, groupes organisés, etc.) en a ainsi sa propre « représentation » au sens du géographe français Yves Lacoste, entendu comme « ensemble d'idées plus ou moins logiques et cohérentes » associé au cyberespace, et qui « décrit, exprime une partie de la réalité, de façon floue ou précise, déformée ou exacte ».

Au final, on a un système complexe de représentations parfois contradictoires qui s'enchevêtrent, s'agrègent et s'opposent, ce qui est probablement l'une des raisons pour lesquelles il est difficile de dégager une définition consensuelle. On a par exemple la représentation européenne qui renvoie à un espace d'expression des libertés, de démocratie, etc., tandis que celle de la Chine et de la Russie se caractérise par un espace informationnel contrôlé et maîtrisé. Pour la plupart des pays africains (qui ont tous un déficit de réflexion théorique sur la question), le cyberespace continue à être perçu comme ce vecteur de développement économique et social qui nous propulse

---

[1] Cf. l'étude confiée en 2013 par la DAS (Délégation aux affaires stratégiques) à la Compagnie européenne d'intelligence stratégique (CEIS) sur le thème : « Les droits maritimes et de l'espace peuvent-ils inspirer un droit du cyberespace ? »

C'est ce besoin d'appropriation et d'exercice de la souveraineté dans ce nouveau milieu qui peut expliquer la montée en puissance d'une idée de balkanisation du cyberespace, chaque État puissant voulant maîtriser le petit bout dans lequel se trouvent ses intérêts vitaux en développant des mécanismes de défense contre des ennemis potentiels, mais aussi en créant des capacités cyberoffensives pour aller contraindre la volonté des États plus faibles dans ce monde dit immatériel.

Nous pouvons trouver là une explication au « bouclier doré » de la Chine, ou au « Runet » de la Russie, qui en créant des « frontières » pour délimiter leur « territoire numérique » s'inscrivent bien dans une logique d'autonomie en la matière, notamment face aux États-Unis. Étant à l'origine du réseau Internet et de la plupart des briques qui constituent le cyberespace aujourd'hui, les États-Unis se sont servis de cet avantage pour faire des technologies numériques un double usage : outil de puissance (vecteur idéologique, culturel, etc.), mais surtout levier de compétitivité et d'intelligence économique à travers ses multinationales du net qui considèrent le monde entier comme leur terrain de croissance.

C'est donc pour faire face à ces velléités états-uniennes que leurs adversaires idéologiques historiques ont déployé des mécanismes de défense et de souveraineté numérique (Chine, Russie, Iran, Inde, etc.). Et contrairement à la croyance commune, c'est aussi dans cette logique d'expansion économique de l'Occident que l'Afrique entre en contact avec les nouvelles technologies de l'information et de la communication, marquant ainsi son entrée dans l'espace cybernétique.

En effet, l'histoire retraçant l'arrivée d'Internet sur le continent africain repose aujourd'hui essentiellement sur une confluence d'actions entre plusieurs catégories d'acteurs majeurs. D'une part nous avons ceux qu'on peut considérer comme des pionniers : ce sont des individus, Africains d'origine ou pas, qui ont été à l'initiative ou au cœur des projets ayant eu un impact significatif sur l'arrivée ou le développement technologique en Afrique dès les années quatre-vingt-dix. D'autre part, il y a des organisations internationales porteuses de projets divers et variés pour l'Afrique, qui ont massivement contribué au développement de cet écosystème.

Essayons maintenant de retracer brièvement, à travers quelques activités marquantes de ces différentes catégories d'acteurs l'histoire de l'arrivée des technologies modernes sur le continent africain.

I – Les acteurs pionniers

Lors de la dernière journée du sommet africain de l'Internet qui s'est tenu en juin 2016 à Gaborone, au Botswana, cinq des pionniers de l'Internet sur le continent (George Sadowsky, Alan Barrett, Alan Greenberg, Dr Nii Quaynor et Pierre Dandjinou) ont animé un panel au cours duquel ils ont retracé de façon très détaillée l'arrivée et la mise en place progressive de l'Internet en Afrique. C'était une session riche en informations qui a permis à ces acteurs de la première heure de partager leurs expériences personnelles vécues au gré des événements, dont une partie se confond presque avec l'histoire de l'Internet en Afrique.

En tant que grand témoin de cette histoire, ils ont retracé le parcours d'Internet sur le continent depuis les prémices jusqu'à l'état actuel, en indiquant les organisations internationales impliquées dès le début et les évolutions technologiques au fil du temps, ainsi qu'en rendant hommage au passage à tous les autres acteurs ayant eu un rôle de pionnier, sans manquer de nous proposer quelques perspectives pour le futur !

décideurs, les formations techniques, ainsi que le soutien apporté à 28 pays africains pour l'élaboration de leurs propres politiques, plans et stratégies nationales concernant les infrastructures d'information et de communication.

IDRC — Projet Acacia de 1997 : Le Canada fut également un pays actif dans la coopération avec l'Afrique concernant le développement des TIC, en particulier dans le projet Acacia. Lancé en 1997, ce projet était dédié à l'expérimentation et à l'apprentissage. Chaque pays participant représentait un laboratoire différent pour évaluer les modèles d'accès communautaire aux TIC et le problème plus vaste du rôle de la technologie dans le développement.

Beaucoup pensaient que la focalisation sur le développement des TIC était un luxe, car cela aurait été au détriment des investissements qui auraient pu répondre aux besoins fondamentaux tels que l'eau potable, les soins de santé primaires et l'éducation. Financé par le gouvernement canadien sur cinq ans à hauteur de 60 millions de dollars canadiens, le projet Acacia fut l'occasion de montrer comment les TIC pouvaient plutôt appuyer ces objectifs de développement et contribuer à leur réalisation.

Union africaine — Programme e-Africa du NEPAD de 2001 : Le Nouveau Partenariat pour le développement de l'Afrique (NEPAD) est une initiative de l'Union africaine (UA) adoptée à Lusaka (Zambie) en 2001. e-Afrique en est l'un des programmes avec pour mission de développer des politiques, des stratégies et des projets au niveau continental pour le développement des technologies de l'information et de la communication (TIC) dans l'ensemble du continent, afin de promouvoir l'Afrique en tant que société numérique compétitive à l'échelle mondiale. Le programme e-Afrique a ainsi pour objectif de poursuivre les initiatives intersectorielles afin que les TIC soient ancrées dans tous les secteurs sociaux, que les services électroniques soient développés et que l'Afrique soit compétitive sur le plan numérique.

Dans cette optique, l'une des premières initiatives de ce programme a été la mise en place d'un réseau intercontinental d'infrastructures à large bande pour les TIC, avec pour ambition de garantir l'interconnexion entre l'ensemble des pays africains via un réseau terrestre de câbles à fibres optiques à large portée (Umojanet), lui-même relié au reste du monde via des câbles sous-marins existants et futurs (Uhurunet).

En octobre 2009, l'entreprise mauricienne BDC Ltd (Baharicom Development Company) mandatée pour développer Uhurunet a signé un protocole d'entente avec ACE (Africa Coast to Europe) afin de construire conjointement un câble sous-marin de 14 000 km, qui s'étend aujourd'hui de l'Europe (la France) à l'Afrique du Sud, longeant la côte ouest-africaine et reliant la plupart des pays africains le long de cette côte. Umojanet correspond au réseau terrestre qui reliera tous les pays africains à leurs voisins et qui se connectera à Uhurunet afin de réaliser l'idée d'un réseau intercontinental.

Banque mondiale — Projet INFODEV : cette initiative de la Banque mondiale se déclinait en deux principaux projets sur le continent africain. Le premier portait sur une nécessité d'analyse et d'évaluation des besoins afin de proposer un meilleur renforcement des capacités des acteurs locaux en matière de politique et de réglementation des TIC. Le second projet consistait à soutenir l'atelier animé par l'Association pour le progrès des communications (APC) et d'autres organisations africaines et internationales engagées dans l'amélioration de l'accès à coût abordable aux infrastructures et services d'information et de communication en Afrique, afin de cultiver le plaidoyer et le dialogue politique avec toutes les parties prenantes (publiques, privées et de la société civile). Le but étant de trouver un consensus sur les moyens de promouvoir des approches flexibles en matière de financement et d'appropriation du projet de câble sous-marin proposé pour l'Afrique orientale et australe (câble EASSY), de manière à assurer un accès abordable et compétitif à la bande passante de communications internationales.

*****

En analysant cette brève histoire de l'arrivée des infrastructures internet en Afrique, force est de constater la prédominance d'une approche plutôt exogène, la plupart des projets d'envergures venant de l'extérieur. En effet, les plus grands projets d'infrastructures et de connectivité en Afrique ont été portés par des organisations internationales [parrainées et financées par l'Occident], sous le prétexte de l'aide au développement des infrastructures pour l'accès à la mondialisation et à la prospérité économique. Un peu moins naïfs aujourd'hui quant à un prétendu élan de générosité désintéressée de ces organisations, il nous semble évident que les vraies raisons étaient certainement ailleurs. À l'analyse, l'une d'elles aurait par exemple été de conquérir de nouveaux marchés pour leurs entreprises historiques du domaine des nouvelles technologies (AT & T, Cisco, IBM, etc.), mais aussi d'utiliser l'outil numérique pour connecter les filiales des multinationales sur le continent à leur siège dans les métropoles, afin d'optimiser leur fonctionnement et de transférer encore plus facilement la valeur produite en terre africaine. Ce qui peut en partie expliquer notre dépendance infrastructurelle jusqu'à nos jours, les infrastructures n'ayant pas initialement été construites dans notre intérêt.

Ainsi, malgré la bonne foi des acteurs africains qui souhaitaient eux aussi connecter leur continent au reste du monde, leurs actions étaient en réalités secondaires en termes d'impact sur la construction des infrastructures. Car cela demande énormément de moyens qu'ils n'avaient probablement pas, la plupart des pays africains étant traversés par une crise économique profonde dans ces années quatre-vingt-dix. L'essentiel des initiatives de ces pionniers était axé sur la création et la gestion des instances de gouvernance permettant de réguler le fonctionnement d'Internet nouvellement arrivé sur le continent. Nous pouvons là encore observer que les instances créées en Afrique ont été calquées sur le modèle initial américain. Il s'agissait donc malheureusement des caisses de résonance d'instances étrangères, notamment l'ICANN, dont il est désormais de notoriété publique qu'il s'agit en réalité d'une organisation au service des intérêts américains dans le cyberespace. Nous y reviendrons dans un prochain paragraphe sur la gouvernance.

Plus de 30 ans après, on peut constater que, sur les 40 % du taux de pénétration d'Internet en Afrique, actuellement, les multinationales étrangères et leurs entités satellites demeurent les mieux connectées. D'ailleurs, une analyse plus fine encore révèle que ce besoin impératif de connecter le reste du monde, accompagné d'un narratif fleuri et trompeur (avec des concepts tels que le droit pour tous à la connectivité, la liberté d'Internet, etc.) participait déjà à une stratégie de survie à long terme des géants technologiques américains. Car leur modèle économique reposait alors sur l'exportation de leurs innovations technologiques vers de nouveaux marchés (cas de Cisco et AT & T). Aujourd'hui avec les nouveaux acteurs, ce modèle est entré dans une autre phase : celle de la captation, du traitement et de la valorisation des données personnelles de tous ces « consommateurs » ainsi nouvellement connectés.

III – Les institutions de gouvernance

D'après la définition retenue par le groupe de travail du dernier SMSI (Sommet mondial sur la société de l'information) :

> *La gouvernance de l'Internet est l'élaboration et l'application conjointes, par les États, le secteur privé, la société civile et les organisations internationales, dans le cadre de leurs rôles respectifs, de principes, normes, règles, procédures de prise de décision et programmes propres à façonner l'évolution et l'usage de l'Internet.*

Ce sujet revêtant un caractère géopolitique et même parfois géostratégique, nous avons prévu de l'explorer en détail dans un prochain chapitre. Cependant, nous pouvons dans un premier temps vous donner un aperçu de cette gouvernance du cyberespace en contexte africain à partir du début des années 1990.

En 1998, lors d'une réunion qui s'est tenue à Cotonou au Bénin, plusieurs opérateurs et autres acteurs pionniers d'Internet en Afrique ont décidé de mettre en place un écosystème d'organisations pour assurer le développement harmonieux et la gouvernance de l'Internet sur le continent. Cette initiative est connue sous le label African Organisations for Internet Governance (noté AF*) et compte aujourd'hui plusieurs organisations couvrant différents domaines de la gouvernance.

AFRINIC (Africa Network Information Centre) est certainement l'organisation africaine la plus active et la mieux connue comme agissant dans la régulation technique du fonctionnement d'Internet sur le continent. Si l'idée de sa création a commencé à germer dès 1997, c'est en 2004 que cette instance a officiellement été créée à l'île Maurice. Dans les faits, il s'agit simplement de l'un des cinq registres régionaux d'Internet (Regional Internet Registry), qui est une représentation régionale de l'ICANN en charge de l'allocation des blocs d'adresses IP et des numéros de système autonomes (ASN) en Afrique.

AfTLD (African Top Level Domain) : c'est l'autre point focal technique qui représente officiellement l'ICANN en Afrique, en portant ses activités de gestion des noms de domaine de premier niveau (Top Level Domain). Créé en 2002, l'AfTLD est en charge de l'implémentation de la politique africaine de l'ICANN pour la gestion des noms de domaine.

En plus de ces deux organisations techniques majeures nécessaires au bon fonctionnement d'Internet au quotidien en Afrique, il en existe bien d'autres qui font partie de l'écosystème de gouvernance sous le label AF*. On peut ainsi citer :

AfPIF (African Peering and Interconnection Forum) : C'est une plateforme qui permet de discuter sur toutes les questions relatives aux infrastructures internet, à l'interconnexion, à la mise en place des points d'échange internet dans et entre les pays africains.

AfNOG (African Network Operators Group) : Il s'agit d'une plateforme où les opérateurs internet du continent peuvent discuter sur les questions relatives au déploiement et à l'expansion du réseau, à la qualité du service, ou même échanger des informations techniques. Fondé par le Pr Nii Narku Quaynor pour partager son expérience, c'est en fait le tout premier cadre de collaboration entre les tout premiers fournisseurs de services internet en Afrique.

AfGWG (African Government Working Group) : Créé à l'initiative d'AFRINIC, il s'agit d'une plateforme qui réunit les gouvernements africains et les régulateurs afin de répondre aux défis généraux de la gouvernance de l'Internet en Afrique.

AfREN (African Research and Education Network) : C'est une plateforme ayant pour but de construire une communauté africaine de recherche, d'éducation, de formation et de collaboration sur tous les sujets relatifs à Internet et son développement sur le continent.

Af-IGF (African Internet Governance Forum) : Il s'agit de la représentation du Forum sur la gouvernance d'Internet à l'échelle du continent africain, comme il en existe aussi au niveau sous-régional (Afrique centrale, Afrique de l'Ouest, etc.) ainsi qu'au niveau local.

L'Af-IGF a été adopté par l'Union africaine qui l'organise régulièrement de façon rotative dans ses pays membres. La 8e édition a d'ailleurs eu lieu du 10 au 12 septembre 2019 à Ndjamena au Tchad, avec pour thème : « Responsabilités partagées des parties prenantes pour un écosystème robuste de gouvernance de l'Internet ».

De même, sur le plan local, le Bénin a lui aussi organisé en juillet 2019 sa 8e édition du Forum sur la gouvernance d'Internet (FGI-Bénin), sous le thème des « droits digitaux ».

Au regard des thèmes périphériques traités dans les éditions africaines, il est toujours étonnant de noter à quel point nous sommes loin du cœur des sujets relatifs à la gouvernance effective du réseau Internet et du cyberespace ! Nous ne pouvons pas uniquement continuer à relayer les débats sur la neutralité du net, les droits digitaux, etc. initiés en Occident, et, en tant que communauté africaine, garder le silence sur les autres débats internationaux de fond, tels que les révélations tonitruantes d'Edward Snowden sur la surveillance de masse (projet PRISM de la NSA), ou encore celui porté par la Russie et la Chine relatif au rôle trouble du gouvernement américain dans la gestion de l'ICANN.

En réalité, toutes ces organisations africaines sont malheureusement des caisses de résonance des instances occidentales, qui, elles, ont concrètement la maîtrise de la gouvernance. Même les organisations considérées comme les plus influentes telles que l'AFRINIC et l'AfTLD, ne font qu'implémenter la politique et les standards déjà décidés au niveau de l'ICANN. Le plus dérangeant est que ces organisations africaines ne semblent pas avoir pris toute la mesure des enjeux stratégiques et géopolitiques (quoique récents) que représente leur activité, en tout cas, c'est ce qui transparaît quand on observe leurs ambitions (ou plutôt leur manque d'ambition) affichées.

Notons aussi l'existence d'associations qui, faute d'instance officielle de gouvernance dans leur secteur d'activité, s'organisent pour s'autoréguler et promouvoir le développement sur le continent. C'est le cas par exemple de l'African Internet eXchange Point (AFIX) ou encore de l'Africa Data Centres Association (ADCA). Concernant l'ADCA, il s'agit d'une plateforme qui regroupe les acteurs et opérateurs de *data centers* sur le continent africain. Elle a été lancée en 2018 à Marrakech, avec pour ambition de promouvoir la croissance de l'industrie des *data centers* en Afrique. Cela passe par l'harmonisation des standards en la matière au niveau continental, la création des conditions d'émergence d'opérateurs africains ainsi que d'un écosystème de *data centers* et d'infrastructure cloud de classe mondiale sur le continent. Présidé par la Sénégalaise Fatoumata Sarr, l'ADCA compte à date 35 *data centres* répartis parmi ses membres dans différents pays.

Quant à l'AFIX, c'est une association qui a été créée en 2012 et qui regroupe les opérateurs de points d'échange Internet de toute l'Afrique, réunis par un besoin partagé de coordonner et d'échanger des connaissances. Il s'agit d'aider les IXP à maximiser la valeur qu'ils représentent pour leurs membres, à améliorer la connectivité au sein du continent et à accroître la qualité d'Internet pour les utilisateurs finaux. Ce qui passe par le lever des contraintes pour assainir leur environnement et favoriser leur déploiement. L'AFIX est membre de l'Internet eXchange Federation (IX-F), qui regroupe les associations régionales dans le monde.

Chapitre III

Le cyberespace africain à travers le prisme du concept de colonisation

D'un point de vue historique, la colonisation s'analyse soit comme un phénomène d'occupation et de valorisation d'un territoire sans maître soit comme un phénomène d'accaparement d'un territoire dont on dépossède l'organisation politique (l'État) de toute personnalité juridique externe (indépendance) et interne (souveraineté). Cette organisation devient dépendante d'un tiers pour sa représentation internationale (perte de l'indépendance) et se retrouve dépossédée de toute emprise sur la condition des biens et des personnes qui lui sont rattachés (perte de souveraineté). Le concept de colonisation sera abordé ici comme phénomène d'accaparement. Comme telle, la colonisation se traduit par deux phénomènes d'atteinte aux attributs d'un État. D'une part une atteinte à son indépendance au sens d'une dépossession de sa personnalité juridique internationale c'est-à-dire du droit de cet État à participer de manière autonome et libre aux relations internationales. D'autre part, une atteinte à sa souveraineté au sens d'une dépossession de sa personnalité juridique interne, c'est-à-dire du droit de cet

État à exercer le monopole de la compétence territoriale et personnelle au sein de son espace politique.

La question qui se pose est celle de savoir si le concept de colonisation au sens décrit ci-dessus peut être transposé dans l'univers du cyberespace. Une telle transposition est possible à condition d'entendre la cybercolonisation comme un phénomène d'atteinte aux attributs d'un État. De ce point de vue, la cybercolonisation doit être entendue d'un double point de vue. D'une part comme un phénomène de privation pour un État de sa faculté inconditionnelle d'accéder librement (indépendance) aux infrastructures qui donnent accès au cyberespace. D'autre part comme un phénomène de privation pour un État de sa faculté d'exercer le monopole de la contrainte politique, législative et juridictionnelle (souveraineté) sur les données produites à partir de son territoire par ses ressortissants.

De ce point de vue, il nous apparaît qu'il est possible de parler de cybercolonisation si deux phénomènes sont vérifiés. D'une part, si un État est tributaire d'acteurs étrangers pour que ses ressortissants puissent accéder au cyberespace à travers des infrastructures dont la propriété appartient à ces acteurs étrangers. D'autre part, si les données générées par les activités numériques de ses ressortissants à partir de son territoire échappent totalement à son emprise

Il s'ensuit que l'indépendance numérique d'un État passe par le contrôle des canaux qui à partir de son territoire permettent la connexion au cyberespace, et que la souveraineté numérique d'un État passe par l'emprise politique, législative et juridictionnelle que lui et ses opérateurs économiques exercent sur les données produites à partir de son territoire.

La littérature récente fait mention de l'idée d'une colonisation du cyberespace : la cybercolonisation. Ce terme a été inauguré au début des années 2000 par le Dr Paul Bernal, professeur associé à l'UEA School of Law. Il le définit comme étant le fait :

[...] qu'un nombre restreint de pays industriellement et technologiquement avancés continueront à étendre leur implantation dans le cyberespace, ce qui leur permettra de conforter durablement leur position de domination sur tous les autres pays, et ce sur tous les plans (économiques, militaires, etc.

En citant l'*Oxford Dictionary*, George Danezis, enseignant à l'University College de Londres, définit le cybercolonialisme comme :

Une politique ou une pratique permettant de prendre le contrôle total ou partiel du cyberespace d'un autre pays, d'occuper celui-ci par des technologies et des composants servant des intérêts étrangers et de l'exploiter économiquement.

En considérant la structure en couche du cyberespace et sa nature duale (à la fois physique et virtuelle, tangible et intangible, etc.), telle que nous l'avons abondamment décrite dans un précédent chapitre, on observera que le concept de cybercolonisation peut être abordé et appréhendé via des angles différents, mais surtout qu'il se structure en Afrique autour de plusieurs axes qui vraisemblablement rendent compte des situations de dépendance ou de perte de souveraineté dans le cyberespace. Nous pouvons notamment citer :

– **L'axe technologique et infrastructurel** : comme déjà indiqué, nous n'avons aucune maîtrise technique du matériel et des logiciels informatiques que nous utilisons massivement au quotidien. Nous dépendons également des centres de données, dont les plus performants sont détenus et exploités par les multinationales (Huawei par exemple en détient une dizaine sur le continent). C'est également le cas pour les câbles sous-marins à fibre optique, dont la plupart sont exploités par des consortiums dominés par des opérateurs étrangers qui détiennent la technologie (Orange avec le projet ACE et plus récemment 2africa, Google avec son projet Equiano, Facebook avec son projet Simba, etc.). Nous ne sommes en pointe sur aucune technologie d'avenir (ordinateur quantique, 5G, intelligence artificielle, etc.). De même, malgré l'engouement autour de la mise en orbite de satellites nationaux ces dernières années, aucun pays africain ne dispose pour l'instant d'une base de lancement de satellites dans l'espace. Ce qui accroît notre subordination aux puissances technologiques. Nous y reviendrons en détail dans les prochains chapitres.

– **L'axe économique et financier** : Comme nous le verrons ci-dessous, les premiers projets d'infrastructures de télécommunication en Afrique ont été financés par des pays occidentaux et les organisations internationales sous leur contrôle. Aujourd'hui encore, les géants de la Silicon Valley font partie des principaux investisseurs dans les centres de recherche sur le continent (cas de Google au Ghana), ainsi que dans les « Tech-hubs », incubateurs qui promeuvent l'innovation et permettent aux startups de se développer (cas de Facebook au Nigeria, etc.). D'où d'ailleurs la réaction chinoise sur ce créneau particulier, avec l'exemple de Jack Ma, fondateur et ancien CEO d'Alibaba qui depuis quelques années a lancé la fondation ANPI (Africa Netpreneur Prize Initiative) avec pour but de financer les jeunes entrepreneurs africains. On peut aussi citer l'action des ONG et groupes d'intérêts, notamment la fondation Bill-et-Melinda-Gates qui finance plusieurs projets et bourses relatifs au numérique en Afrique. Ce qui *in fine* leur permet de capter et transférer la valeur ainsi produite au détriment du continent qui n'en profite que très peu. Plus grave encore, à l'ère de l'économie de la connaissance et dans un contexte où la valorisation des savoirs produits au format numérique reste dérisoire sur le continent, on assiste à un pillage massif de la propriété intellectuelle des acteurs africains (chercheurs, enseignants, entrepreneurs, etc. qui tous utilisent les plateformes telles que Google drive, One drive et j'en passe pour traiter, partager et stocker leur patrimoine informationnel [brevets, stratégies commerciales, secrets de fabrication, etc.]). Là encore, la haute valeur qui en découle fait le bonheur d'un autre écosystème que le nôtre.

– **L'axe normatif et réglementaire** : Les normes techniques, les protocoles, les conventions, le droit commercial, etc. que nous utilisons au quotidien dans le cyberespace sont ceux des puissances qui détiennent le leadership technologique, les États-Unis en l'occurrence (quoique régulièrement challengés par les pays émergents). Cet état de fait qui dure depuis longtemps rend d'autant plus difficile la construction d'une autonomie technologique en Afrique. L'État américain n'hésite d'ailleurs pas à s'en servir comme arme d'influence, notamment en mobilisant le principe d'extraterritorialité (cas du CLOUD Act et du Patriot Act, lois fédérales qui autorisent le gouvernement états-unien à réquisitionner les données traitées par les opérateurs numériques américains où qu'ils soient dans le monde.). De même, n'eut été la résistance de l'axe Chine/Russie, les pays occidentaux essayent depuis quelques années de transposer le droit international de la guerre dans le cyberespace. L'évolution du droit dans le cyberespace (entendu comme espace de conflit) est un concept déjà largement théorisé dans les centres de recherche de l'OTAN, et diffusé dans le monde à travers le *Manuel de Tallinn*. Le but est probablement d'inspirer (donc d'influencer) la production normative sur le sujet dans les autres régions du monde. C'est la gouvernance mondiale de l'Internet et de l'écosystème numérique qui se joue ici, enjeu majeur des futurs rapports de force dans le cyberespace qui pourtant échappe à la vigilance des dirigeants africains.

Forte de tout ce qui précède, la question se pose donc de savoir si ce qui est décrit comme phénomène de cybercolonisation renvoie à un usage pertinent ou non du concept de colonisation, tel que nous l'avons défini d'entrée de jeu.

On verra ici que dans certains cas, y compris en Afrique, l'usage actuel du concept de cybercolonisation vise à rendre compte du phénomène de position économique dominante des opérateurs économiques étrangers sur le marché africain du numérique. Nous montrerons ici qu'il s'agit là d'un usage non pertinent du concept de colonisation, car on est simplement en présence d'un phénomène de conquête d'un marché par compétitivité des produits. C'est la raison pour laquelle ce phénomène touche non seulement l'Afrique, mais aussi l'Europe, l'Asie et le Moyen-Orient.

En nous appuyant dans la suite de l'ouvrage essentiellement sur les axes technologique/infrastructurel et normatif/réglementaire, nous démontrerons qu'en revanche le concept de colonisation peut être légitimement projeté dans le champ du cyberespace en Afrique en ce qui concerne le contrôle que des opérateurs étrangers exercent sur les infrastructures de connexion, les équipements et terminaux, les plateformes en ligne (réseaux sociaux, moteurs de recherche, messagerie instantanée, etc.), ainsi que les centres d'hébergement des données. Ce contrôle conduit les sociétés politiques africaines à dépendre d'acteurs étrangers pour avoir accès au cyberespace africain et le réguler efficacement (perte de l'indépendance), et aussi à une incapacité d'exercer toute emprise sur les données générées au sein du cyberespace africain (perte de souveraineté).

Il apparaît en effet que les canaux par lesquels les États et les sociétés en Afrique ont accès au cyberespace sont constitués par les satellites et les câbles terrestres ou sous-marins. Or ces canaux sont pour la plupart la propriété de consortiums étrangers opérant sur le continent. Leur droit de propriété sur ces canaux leur confère un pouvoir de contrôle de l'accès et du contenu du cyberespace africain. Quant à l'hébergement des données africaines, elles sont stockées soit (en grande partie d'ailleurs) sur des plateformes d'hébergement à l'étranger soit sur des plateformes locales qui pour la plupart appartiennent encore à des grands groupes étrangers. En effet, il y a très peu d'opérateurs et même d'États africains propriétaires des centres d'hébergement de données de haut niveau.

De ce point de vue, ces consortiums étrangers exercent un contrôle absolu sur les éléments constitutifs de l'indépendance (canaux de connexion) et de la souveraineté (hébergement des données) numériques des États africains. C'est en cela qu'il y a cybercolonisation. Au sens du contrôle des canaux, équipements et terminaux de connexion, des plateformes en ligne et des centres d'hébergement, qui confèrent à un État l'indépendance et la souveraineté numérique.

Ce contrôle nous met bel et bien en présence de ce que décrit le Dr Paul Bernal lorsqu'il écrit qu'il s'agit d'un phénomène d'accaparement par des étrangers d'un territoire virtuel. Celui des canaux qui donnent accès au marché numérique africain. Ce territoire est celui que forment les infrastructures de connexion. Autrement dit, le territoire formé par les canaux d'accès au cyberespace africain et donc des canaux d'accès au marché numérique africain.

I – Un usage non pertinent du concept de colonisation : la colonisation du cyberespace africain comme conquête du marché numérique africain

Cette interprétation est celle qui a été introduite par le mathématicien Cédric Villani et reprise par la suite par un grand nombre d'analystes.

Dans une interview au journal *Le Monde*[1], s'exprimant sur l'émergence d'un écosystème technique dans le continent africain, Villani considère que :

> *Les grandes plates-formes ont un avantage, elles proposent à ces entrepreneurs du "all included", du "tout intégré". Quand IBM, Facebook ou Amazon vous dispense une technologie, l'entreprise peut dire, en même temps : voici le programme, les conditions et les produits qui vont bien avec. En proposant cette approche globale à un entrepreneur, le groupe l'intègre de fait dans une communauté, un écosystème. Ce n'est pas juste un contrat sur un projet.*

Il s'agit selon Villani d'un véritable écosystème numérique qui se met en place et qui favorise une future mainmise des gros acteurs de l'Internet et de l'industrie informatique sur l'espace numérique en Afrique. C'est ce phénomène de main mise qu'il nomme cybercolonisation. À la question de savoir s'il considérait cela comme un risque ou une opportunité pour le développement de l'Afrique, Villani répond :

> *Je ne vois pas tellement de risque pour les entrepreneurs eux-mêmes, c'est une grosse opportunité. Le principal problème se pose, de façon plus diffuse, pour les gouvernements et les institutions. Il y a un*

---

[1] *Intelligence artificielle en Afrique : « Le risque de captation de valeur existe »*, décrypte Cédric Villani, propos recueillis par Laure Belot, entretien publié le 17 juin 2018.

risque de captation de la valeur et de la compétence par les institutions étrangères. C'est un peu ce que nous avons déjà connu en France : les grandes plates-formes sont les compétiteurs numéro un du gouvernement français pour ce qui est du développement de l'intelligence artificielle. Ces grandes plates-formes captent toute la valeur ajoutée : celle des cerveaux qu'elles recrutent et celle des applications et des services, par les données qu'elles absorbent. Le mot est très brutal, mais techniquement c'est une démarche de type colonial : vous exploitez une ressource locale en mettant en place un système qui attire la valeur ajoutée vers votre économie. Cela s'appelle une cybercolonisation.

En fait par *cybercolonisation* Villani fait allusion au phénomène de position économique dominante des opérateurs leaders sur le marché de l'Internet et de l'industrie informatique. D'une part les GAFAM américains (Google, Amazon, Facebook, Microsoft, Apple) et d'autre part, les BATXH chinois (Baidu, Alibaba, Tencent, Xiaomi, Huawei), pour ne citer que ces géants qui ont une ambition de conquête visible et assumée.

De ce point de vue la cybercolonisation dont parle Villani ne concerne pas que l'Afrique. C'est ce qu'il reconnaît lui-même dans le même article. En effet à la question de savoir si nous assistons à une cybercolonisation de l'Afrique, il répond :

Trop tôt pour le dire... Mais il est possible, si l'on n'y prend garde, que ce qui se passera en Afrique soit dans la continuité de ce qui s'est déjà passé dans le monde occidental. La cybercolonisation ne sera pas aussi violente que la colonisation historique, bien sûr. Mais en termes économiques, elle peut être extrêmement puissante. C'est un risque pour la société, pour les sociétés dans leur ensemble, parce que tout ce qui est pris par les compagnies privées sert à défendre les intérêts des compagnies privées et pas l'intérêt commun ou général d'un pays. C'est une question de rapport de force. En même temps, on ne peut pas blâmer les grandes plates-formes en question, qui développent légitimement leurs intérêts. Elles n'enfreignent pas la loi, elles donnent une chance à des entrepreneurs. Elles participent au transfert de compétences. Et elles apporteront beaucoup aux États qui sauront collaborer avec elles dans une relation qui ne soit pas trop déséquilibrée.

Le recours au concept de colonisation pour désigner ce phénomène d'écosystème technique que mettent en place les grands groupes de l'industrie informatique et qui leur confère une position dominante est récusé par certains analystes.

C'est le cas du sociologue et chercheur italien Antonio Casilli qui préfère parler de cybercolonialité. Selon Antonio Casilli :

Le terme colonialisme a une histoire, celle de catastrophes humaines et économiques dont les effets courent encore sur de nombreux territoires de l'hémisphère sud. Le récupérer, c'est risquer l'appropriation et l'effacement de ces spécificités historiques.

Pour ce chercheur le terme colonisation renvoie à une expérience historique bien spécifique de catastrophe humaine et économique dans l'hémisphère sud (Afrique, partie de l'Asie). Son usage ne serait ainsi pas judicieux dans ce cas de figure où, en plus des pays du Sud, ceux du Nord (notamment européens) sont aussi concernés par cet assujettissement technologique.

Antonio Casilli propose le terme « cybercolonialité ». C'est un concept initié par le chercheur Nelson Maldonado-Torres, qui cherche à élargir la notion de colonialisme. Pour Antonio Casilli :

Nous avons besoin d'une notion qui exprime ces formes d'asymétrie politique, économique et culturelle entre le Nord et le Sud tout en dépassant les caractéristiques historiques du colonialisme. La colonialité est détachée de l'expérience coloniale dans le sens où elle renvoie à un ressenti que l'on peut tout aussi bien trouver dans des pays sans histoire coloniale, voire dans des pays du nord de la planète. Lorsque l'on exploite ou vole nos données, nous sommes tous dans cette situation où le travail que nous fournissons pour ces entreprises est exploité et invisibilisé.

Antonio Casilli est donc plutôt favorable au concept de colonialité[1], car celui-ci est « détaché de l'expérience coloniale dans le sens où elle renvoie à un ressenti que l'on peut tout aussi bien trouver dans des pays sans passé colonial ». Ce qui correspond mieux à la dépendance durable à la fois de l'Europe, de l'Afrique et d'une partie de l'Asie aux « résogiciels[2] » américains et chinois (infrastructure de réseau, plateforme, normes, etc.).

Nous considérons pour notre part que dans le cas de Villani et de Casselli ces personnes parlent d'un phénomène de dépendance de l'Europe, de l'Asie et de l'Afrique à l'égard des produits logiciels, des plateformes et normes, des infrastructures américains et chinois. Or ce phénomène n'est pas l'expression d'une colonisation au sens strict. Il est l'expression d'un phénomène banal de conquête et de monopole d'un marché par le jeu de la compétitivité et de l'innovation des produits. À ce jour les GAFAM américains et les BATXH chinois bénéficient d'une position dominante. Cette position dominante ne

---

[1] Cf. l'article « La domination des géants du numérique est-elle un nouveau colonialisme ? », par Romain Jeanticou sur *Télérama*, 2018.

[2] Néologisme créé à partir des mots « réseau » et « logiciel », proposé par Pierre Bellanger dans son livre *Souveraineté numérique*, et qui fait référence à l'écosystème de plus en plus hybride des géants du numérique.

peut être interprétée comme un phénomène de colonisation. Elle s'apparente à ce qu'en économie on appelle un oligopole ou encore un duopole.

Notons tout de même qu'au-delà de la façade économique, le lien consubstantiel entre ces géants du numérique et les services de renseignement de leurs États a déjà été démontré par plusieurs sources[1], mettant ainsi en exergue la volonté intrinsèque de contrôle et de domination qui a présidé à leur création. Même si cet élément seul ne justifie pas la pertinence de l'usage du concept de colonisation dans ce contexte, cela peut justifier de nuancer un peu la seule idée de conquête et monopole de marché comme motivation première de ces entreprises.

II – Un usage pertinent du concept de colonisation : la colonisation du cyberespace africain comme contrôle étranger des canaux de connexion et des plateformes d'hébergement

À titre d'illustration, nous verrons ici que c'est ce dont atteste la configuration des plateformes d'hébergement des données africaines et des canaux d'accès au cyberespace africain. Les premières conduisent à une perte de souveraineté, c'est-à-dire d'emprise sur les données produites en Afrique. Les secondes conduisent à une perte d'indépendance, c'est-à-dire de l'autonomie d'accès au cyberespace africain.

---

[1] Aussi bien les sources officielles que le gouvernement américain qui depuis quelques années accuse publiquement le géant chinois Huawei d'être à la solde du parti communiste, que des lanceurs d'alertes tels qu'Edward Snowden qui a divulgué des documents démontrant le lien entre plusieurs entreprises américaines du numérique et les services de renseignement.

A) L'absence de souveraineté numérique : les infrastructures d'hébergement de données

Dans le monde numérique, pendant que les réseaux de communication (satellites, câbles sous-marins et terrestres) constituent les autoroutes de l'information, les *data centers* quant à eux représentent les entrepôts de toutes les données qui y circulent. Ainsi, toutes les plateformes et applications numériques telles que les médias sociaux, les boutiques et places de marché en ligne, les bases de données des entreprises, les applications de soins de santé, les bases de données militaires, les banques en ligne et bien d'autres encore, sont gérées dans les centres de données. Il s'agit donc d'un élément central dans l'architecture globale d'Internet et du cyberespace. De plus, l'évolution des usages et la data-dépendance de l'écosystème économique de nos jours ne font que conforter la centralité de cette infrastructure, dont le besoin est sans cesse croissant.

Fort de cela, il est impossible de parler d'autonomie dans le cyberespace sans la maîtrise sur ses données (collecte, stockage, traitement, analyse). Les données étant devenues la principale matière dans la nouvelle économie (notion d'infonomie), la question de leur souveraineté s'est imposée aux États. C'est d'ailleurs cet état de fait qui a relancé le débat sur la souveraineté numérique en Europe, quand suite aux révélations de Snowden, les pays de ce continent se sont brutalement rendu compte que non seulement ils n'avaient presque aucun contrôle sur la masse de données que leurs entreprises et citoyens génèrent au quotidien en utilisant les plateformes des géants américains qui dominent le marché, mais aussi que ces derniers n'hésitent pas à exploiter toutes les données en leur possession pour toutes sortes de raisons (économique, stratégique, politique, etc.).

Des mesures comme le Règlement général pour la protection des données personnelles (RGPD), l'obligation légale faite à ces multinationales du numérique de construire des *data centers* sur le territoire européen et d'y traiter les données collectées sans les transférer aux États-Unis, mais aussi les projets de construction d'infrastructure d'hébergement par les opérateurs européens eux-mêmes avec le soutien de leurs États, font partie des solutions adoptées pour limiter l'effet de cette dépendance.

Le cas de l'Afrique est encore plus critique. En effet, alors que cette question est devenue stratégique et érigée en intérêt de souveraineté ailleurs, elle n'est que très peu soulevée et débattue sur le continent. Deux facteurs peuvent expliquer cette situation : de prime abord, il convient de rappeler que la construction et l'exploitation des *data centers* sont d'abord une activité des opérateurs du secteur privé. Or l'économie est structurellement extravertie dans la plupart des pays du continent, où le tissu économique est essentiellement détenu par les multinationales étrangères.

La question de la souveraineté des données ne se posant pas de la même façon pour ces entreprises que pour les PME locales, elles n'avaient [jusqu'à récemment] aucun intérêt à investir dans le développement des centres de données en Afrique. Il était au contraire dans l'intérêt de ces multinationales d'héberger leurs données dans leur pays d'origine, dont les opérateurs ont par ailleurs aussi la maîtrise des infrastructures de connexion sur le continent africain (câbles sous-marins, satellites, etc.). Quant à nos entreprises locales, elles sont trop petites et n'ont simplement pas les moyens de construire des centres de données d'envergures. Elles se retrouvent donc contraintes de se rabattre sur les solutions *low cost* à leur disposition, c'est-à-dire un hébergement à l'étranger.

Depuis lors la situation a évolué, donnant lieu à notre second facteur. Désormais, avec plus de 1,3 milliard d'habitants de plus en plus connectés, le foisonnement des startups du numérique sur le continent, l'augmentation du taux de pénétration d'Internet, l'évolution des usages numériques, les prévisions de croissance démographique et la forte jeunesse de la population, le besoin en nouveaux centres locaux d'hébergement des données est devenu exponentiel. Il en découle donc un marché à fort potentiel pour la construction des *data centers* locaux et le développement des services cloud.

Ce qui, bien entendu, ne manque pas de susciter l'intérêt des opérateurs internationaux spécialisés dans le domaine. Le retard de nos États dans la partie, qui devraient créer des champions continentaux afin de garder un peu d'autonomie dans ce domaine, fait que fondamentalement, les choses ne vont pas changer du point de vue de la structure économique dans ce secteur. Pour l'instant, nous allons demeurer sur un modèle extraverti dans lequel ce sont les multinationales qui une fois encore investiront ce marché en créant les *data centers* sur le continent. Ce qui leur permettra certes d'héberger les données des Africains localement, mais aussi de capter la valeur qui en découle pour la renvoyer vers leur pays d'origine. C'est le propre même du capitalisme néolibéral, qui ne fait que s'exprimer dans le contexte du numérique.

Aujourd'hui encore, non seulement l'essentiel des données produites en ligne par les Africains, mais aussi la majorité des informations auxquelles ils accèdent au quotidien sont hébergées en dehors du continent. L'ensemble transitant par ailleurs par des câbles sous-marins (ACE, WACS, Seacom, etc.) qui échappent au contrôle de nos États, représentant ainsi une manne offerte aux services de renseignements des pays d'hébergeurs qui y ont un accès direct (cf. les révélations d'Edward Snowden). Cela inclut même les sites web enregistrés avec des noms de domaines de premier niveau appartenant aux États (ccTLD) tels que .cd, .cm, .ci, .ke, .ng, .tz, .za, etc., qui parfois sont des sites institutionnels avec des données sensibles.

De plus, la plupart des *data centers* qui existent déjà dans les pays africains sont d'ores et déjà détenus par des opérateurs privés étrangers (tels que le groupe Orange, Cassava Technologies, etc.). Il en existe très peu qui soient nationaux, c'est-à-dire qui appartiennent majoritairement aux États ou aux opérateurs locaux. Ce qui bien entendu, comme dans le cas des opérateurs de câbles sous-marins, met l'Afrique et ses citoyens dans une posture de dépendance et d'assujettissement qui mérite toute notre attention.

D'après un rapport[1] publié en janvier 2020 par le cabinet Balancing Act, on dénombre un total de 112 *data centers* multilocataires dans l'ensemble des 54 pays du continent. Ce qui représente à peine 1 % sur une capacité mondiale de 8 271 *data centers*[2]. En comparaison, les États-Unis seuls sont à environ 33 %, l'Europe environ 30 % et l'Asie un peu plus de 10 % de la capacité mondiale. Toujours à titre de comparaison, d'après un rapport de l'ADCA[3] datant de 2020, le nombre de *data centers* au mètre carré en Afrique est le même que dans la zone de Paris où il y a seulement 12 millions d'habitants.

---

[1] *Africa Interconnection Report*, Balancing Act, 2021.

[2] Selon la plateforme en ligne Cloudscene, on dénombrait 8 271 *data centres* dans le monde en date d'octobre 2021.

[3] *State of the African Data Centre Market*, African Data Centres Association (ADCA), 2020.

C'est d'ailleurs l'occasion de rappeler la vision de l'organisation Smart Africa en la matière, qui a été rappelée par son directeur général en marge de l'inauguration du premier centre de données construit par l'État sénégalais. Pour Lassana Konté, l'objectif des dirigeants du continent est « d'accélérer et d'augmenter l'empreinte mondiale des centres de données en Afrique de 1 % présentement à un minimum de 10 % d'ici 2030 ».

À mesure que la transformation numérique s'accélère à l'échelle continentale, le besoin d'un tissu de centres de données plus robuste se fait sentir. Pour l'Afrique, une infrastructure de centre de données fiable et basée localement n'est pas simplement une question de commodité d'architecture informatique. Dans cette nouvelle économie où la valeur est captée par ceux qui sont les plus à même de collecter, contrôler, gérer et exploiter les données, une infrastructure d'hébergement moderne permet de conserver une forme de souveraineté sur les données générées sur place. Ce qui n'est pas le cas actuellement dans la plupart des pays africains, qui n'ayant aucun *data center* fiable, dépendent encore massivement de l'hébergement extérieur, parfois même pour des données sensibles.

En réalité, même s'il existe des projets de créations de centres de données dans les plans numériques de la plupart des pays africains, seulement une quinzaine d'entre eux détient aujourd'hui la totalité des *data centers* sur le continent. De plus, on observe une forte concentration de ces infrastructures dans les pays tels que l'Afrique du Sud qui à lui seul détient plus de la moitié des centres d'hébergement en Afrique. Ensuite on retrouve le Nigeria, le Maroc, l'Égypte, le Sénégal, le Kenya, le Ghana, l'Angola, etc.

On constate que cette forte concentration est corrélée au niveau de développement global des pays, mais surtout au niveau de maturité des infrastructures de connectivité dans ces pays (taux de couverture du réseau fibre optique, nombre d'opérateurs télécoms, présence des points d'échanges internet, etc.). Du coup, les nouveaux investisseurs qui s'intéressent au marché à fort potentiel des *data centers* en Afrique, ont eux aussi tendance à porter leur attention et leur choix vers ces mêmes pays. Ce qui ne fait qu'aggraver le déséquilibre, mais permet à ces pays d'échapper au constat général évoqué ci-dessus, puisque certains conservent jusqu'à 70 % de leur trafic internet localement.

Malheureusement, au rythme de mise en place progressive des infrastructures, nous ne sommes pas capables de suivre l'évolution rapide de la technologie et l'adaptation tout aussi rapide des utilisateurs, dont les besoins augmentent à une vitesse exponentielle du fait de la panoplie de canaux d'accès disponibles, permettant de faire parvenir des informations. Ces informations transmises sous forme de texte, de vidéo, d'image ou d'audio constituent des données qu'il faut bien stocker quelque part et traiter. Les besoins de mobilité, de flexibilité, de rapidité et de performance (accéder rapidement à ses données partout où on se trouve) ont fait exploser le développement des infrastructures et des plateformes d'hébergement dites « nuage », ou plus couramment « Cloud ».

Cela nous met dans une situation délicate (et même désastreuse si on veut être alarmiste), car peu importe le contrat de confidentialité que vous avez avec votre hébergeur, il est toujours techniquement capable d'accéder et de disposer de vos données comme bon lui semble. Si pour une raison ou une autre il y va de son intérêt, il n'hésitera pas. D'ailleurs, comme nous l'a démontré

Snowden, il est désormais avéré que ces données sont disponibles et utilisées par les services de renseignement des grandes puissances à travers des programmes de cyberespionnage comme PRISM (USA), Tempora (Royaume-Uni), ou Babar (France), que nous allons examiner dans un prochain chapitre.

Aux États-Unis par exemple, tout cela a été formalisé légalement à travers des lois telles que le Patriot Act ou le CLOUD Act (Clarifying Lawful Overseas Use of Data Act), qui sont des lois fédérales obligeant tous les opérateurs américains du numérique à fournir aux services gouvernementaux (police, autorité judiciaire, agences de renseignement, etc.) les données qu'ils hébergent pour leurs clients/abonnés, quel que soit l'endroit où sont stockées ces données dans le monde.

D'où l'impérieuse nécessité d'une politique concertée à l'échelle continentale pour aborder cette problématique. Car avoir une infrastructure de centres de données fiable, c'est aussi réduire les fractures numériques Nord-Sud et tenter d'égaliser les chances dans une économie hautement mondialisée, en veillant à ce qu'un utilisateur de Niamey ou de Kigali puisse exploiter le cloud, la blockchain et d'autres plateformes numériques avec un niveau de confort et de sécurité au moins similaire à celui d'un utilisateur de Rotterdam ou de Jakarta. Pour que cela se produise, les installations qui hébergent les contenus doivent être physiquement proches de l'emplacement des utilisateurs finaux.

En outre, une solide infrastructure d'hébergement locale contribuera à transformer les entreprises et les services publics en Afrique, en les rendant plus compétitifs par rapport à leurs homologues mondiaux, plus agiles et mieux à même de répondre aux demandes des citoyens de plus en plus rompus aux usages du numérique dans leur quotidien. De même, les centres de données basés en Afrique permettraient à des milliers de jeunes entreprises locales de tirer parti des outils numériques pour transformer leurs modèles économiques établis de longue date et améliorer la qualité des services rendus, notamment dans ce contexte particulier de crise sanitaire (Covid-19) qui les a obligés à se lancer.

Au regard des prévisions de croissance démographique sur le continent (2,5 milliards d'ici 2050) et de l'accroissement des usages du numérique, le potentiel économique de cette industrie est gigantesque. Notamment en termes de services cloud, dont le développement est consubstantiel à l'existence préalable des *data centers*. De plus, les données et autres empreintes numériques (métadonnées) permettent aux géants du Net d'établir des profils très pertinents à des fins de ciblage le plus précis possible, aussi bien pour des raisons commerciales que stratégiques. Depuis plusieurs années déjà, la valorisation faite de ces données de masse (*big data*) en fait une denrée ayant aujourd'hui plus de valeur que le pétrole : rien que ça ! On parlait même, sous d'autres cieux, d'une concurrence entre *pétrole numérique et pétrole noir*.

D'où l'appétit vorace de toutes les multinationales du secteur et autres géants du numérique qui investissent le terrain ces dernières années. Sans surprise, on retrouve les leaders mondiaux des services cloud (Amazon Web Services, Google Cloud, Microsoft Azure, Akamai, Cloudflare, Alibaba Cloud, etc.) en grande partie dans les pays concentrant le plus grand nombre de centres d'hébergement (Afrique du Sud, Nigeria, Kenya, etc.). Grâce à la valorisation des données, ces entreprises atteignent des records de capitalisation boursière de loin supérieurs à la valeur combinée des cinq principaux acteurs historiques du pétrole dans le monde (Chevron, Exxon, BP, Total et Shell).

Cependant, aussi bien les États que les investisseurs étrangers font face aux mêmes difficultés dans le déploiement de leurs projets de *data centers*. En effet, les problèmes de fourniture constante en énergie, l'insuffisance des infrastructures de connectivité à large bande (réseau intra-africain de fibre optique), l'insuffisance de points d'échange internet (IPX) entre les opérateurs et entre les pays, le manque de bâtiments qui répondent aux normes, le climat chaud de l'Afrique subsaharienne (rendant très coûteux les systèmes de refroidissement nécessaires pour le bon fonctionnement des *data centers*), la rareté d'une main-d'œuvre experte et qualifiée en la matière, et même les questions d'insécurité et d'instabilité politique sont autant de freins au développement rapide des centres de données sur le continent, malgré l'intérêt économique certain que cela peut représenter pour les opérateurs.

Pour récapituler ce paragraphe en quelques mots, nous pouvons dire ceci : les États et les opérateurs économiques africains n'ont pas la maîtrise de l'hébergement et du stockage des données qui sont produites au sein du cyberespace africain. Cet hébergement des données se fait soit sur des plateformes situées à l'étranger, soit sur des plateformes situées en Afrique appartenant à des multinationales étrangères, soit enfin ces données transitent par des câbles sous-marins et des satellites.

Il en résulte que les États africains et les opérateurs économiques africains n'exercent aucune emprise sur ces données qui constituent une manne économique. C'est cette dépendance technologique et ce manque d'emprise sur cette manne économique d'origine locale qui constitue une absence de souveraineté numérique. C'est pourquoi nous devons accélérer le développement des infrastructures, de l'industrie technologique, de l'hébergement local, des plateformes et des contenus locaux en Afrique, afin de réduire considérablement le flux de données vers l'international et de créer les conditions de forage, raffinage et usage de nos propres données, augmentant de fait les flux intra-africains (à l'intérieur du continent).

Ce qui implique aussi que les acteurs africains du numérique devront progressivement s'habituer à recourir à l'hébergement local de leurs informations, à créer des contenus et des plateformes capables de susciter l'intérêt de ceux qui continuent de s'agripper aux services, solutions et technologies étrangères. Car la lutte pour acquérir les « data » deviendra de plus en plus acharnée, au regard de leur valorisation toujours croissante et de l'implantation progressive de ces géants sur le continent.

B) L'absence d'indépendance numérique : les canaux de connexion

En Afrique comme ailleurs dans le monde, les canaux par lesquels les États et les sociétés ont accès au cyberespace sont constitués par les satellites et les câbles terrestres ou sous-marins. Or en Afrique ces canaux sont la propriété de consortiums étrangers. Leur droit de propriété sur ces canaux leur confère un pouvoir de contrôle de l'accès au cyberespace africain.

Il ressort de ce point de vue que les sociétés politiques africaines dépendent de la médiation d'un tiers pour avoir accès au cyberespace africain. C'est cette dépendance à un tiers qui constitue une absence d'indépendance.

Il y a en Afrique contrôle par un tiers des canaux de connexion qui confèrent à un État l'indépendance numérique. C'est en cela qu'il y a cybercolonisation ; examinons quelques-uns de ces canaux sur le continent, ainsi que leurs systèmes vis-à-vis desquels nos États sont dépendants.

1°) Les satellites africains

Même si les câbles à fibre optique sont à la mode, car ils représentent la meilleure option pour une connexion haut débit de nos jours, il est bon de savoir que la plupart des pays africains ont eu leur premier accès à Internet grâce à des liaisons par satellite. Jusqu'au début des années 2000, on s'appuyait essentiellement sur la technologie VSAT (Very Small Aperture Terminal), forme d'antennes paraboliques connectées à des satellites dans l'espace, afin d'assurer la connectivité à Internet. Cela se traduisait par des prix élevés pour des débits très bas par rapport aux autres technologies qui ont peu à peu pris le dessus. Avec le VSAT, une page web peut prendre jusqu'à 16 secondes (voire plus) pour s'ouvrir.

L'opérateur international **Intelsat**, premier fournisseur mondial de services de satellites commerciaux, assure une couverture totale de l'Afrique. C'était le principal fournisseur d'accès à Internet par VSAT sur le continent. **Thuraya**, qui a pour actionnaires des sociétés de télécommunications et d'investissement du Moyen-Orient et d'Afrique du Nord, couvre pour sa part le nord et le centre de l'Afrique.

De manière lapidaire, bien au-delà de la communication des données, la technologie satellite propose un large éventail de services indispensables pour les États modernes allant de la météorologie aux télécommunications en passant par la navigation, la localisation (GPS), la gestion des ressources naturelles, la sécurité, la défense, mais aussi l'espionnage, etc. C'est pourquoi la conquête spatiale a toujours été un enjeu hautement stratégique aussi bien pour le développement que pour la souveraineté des États.

Malgré son retard, dû à une multitude de raisons, et au regard de l'importance de ces usages pour son émergence, le continent africain entend bien relever le défi ! Aussi bien par une initiative continentale que par plusieurs initiatives nationales.

a) Les satellites à vocation continentale

RASCOM (Regional African Satellite Communication), le satellite panafricain :

Dans la mouvance des projets de développement des technologies de l'information et de la communication en Afrique au cours des années 1990, le programme RASCOM naît de la volonté des dirigeants africains de prendre les choses en main. Sa genèse est ainsi retracée sur le site web officiel de l'organisation en ces termes :

> *Quel que soit l'indicateur considéré (densité téléphonique, taux de pénétration des télécommunications en zones rurales, disponibilité et efficacité des services de télécommunication), l'Afrique, prise globalement, reste le continent qui connaît la plus grande arriération dans le développement des télécommunications.*

De plus, la quasi-inexistence de liaisons directes entre les pays africains les oblige, pour communiquer entre eux, à transiter par l'Europe ou les États-Unis d'Amérique, occasionnant des charges qui s'élèvent à plusieurs millions de dollars américains par an.

Les dirigeants africains, de plus en plus conscients du rôle moteur des télécommunications dans le processus de développement économique et reconnaissant que les investissements dans les télécommunications, d'une part, permettent de relever considérablement le niveau de productivité et d'efficacité de tous les autres secteurs et d'améliorer la qualité de vie, et, d'autre part, constituent un élément de motivation pour tout investisseur, ont décidé, après plusieurs concertations, de conjuguer leurs efforts afin de doter le continent africain d'une infrastructure de télécommunications capable de soutenir le développement durable des télécommunications sur le continent et dans chaque pays africain, avec un accent particulier sur la desserte des zones rurales.

Pour répondre à cette préoccupation, ils ont décidé d'entreprendre une étude de faisabilité. Cette étude, menée de 1987 à 1990, a impliqué 50 pays africains et utilisé 600 experts africains en plus d'organisations internationales telles que l'Union internationale de télécommunications, le Programme des Nations unies pour le développement et la Banque africaine de développement. Cette étude est, en fait, la plus exhaustive jamais entreprise dans le domaine des télécommunications en Afrique.

Les conclusions de cette étude ont été adoptées par les États africains en février 1991 à Abuja au Nigeria. Les enseignements majeurs qui transparaissaient du résultat de cette étude sont les suivants :

• Un satellite de télécommunication répondant à des spécifications bien définies est le meilleur choix technologique pour satisfaire de manière globale et optimale les besoins de télécommunication en Afrique.

• Ce système n'est économiquement et financièrement viable que s'il est conçu à l'échelle du continent

Pour mettre à exécution les conclusions de cette étude, les États africains réunis à Abidjan en mai 1992 ont décidé de créer l'Organisation régionale africaine de communications par satellite : RASCOM ».

On peut remarquer que le constat de l'étude sur l'Afrique comme la zone du monde la moins nantie en matière de développement des services et infrastructures de télécommunication reste encore vrai en 2022 ! Les pays africains, n'étant pas interconnectés, étaient de ce fait obligés de passer par l'Europe et les USA afin de pouvoir communiquer entre eux. De plus, au-delà de la question économique liée au transit des communications africaines par l'Europe et les USA (le coût annuel pour les pays africains serait d'environ 500 millions de dollars pour payer ce transit, alors que le coût d'achat et de mise en orbite d'un seul satellite reviendrait à environ 400 millions de dollars), est apparu un problème plus grave de renseignement et de sécurité nationale aujourd'hui évident, relatif notamment à l'espionnage des communications normalement classifiées secret-défense entre nos États.

Malgré l'engouement et l'enthousiasme des dirigeants africains, ils vont essuyer un refus de la Banque mondiale et du FMI quant au financement du projet ! Ce qui va entraîner une perte de temps considérable jusqu'à ce que l'ancien guide libyen Mouammar Kadhafi décide de prendre les choses en main. Sur les quatre cents millions de dollars requis pour le projet, on estime la contribution de la Libya Africa Investment Portfolio à 75 % du montant total (soit environ trois cents millions de dollars), poussant les autres États à prendre en charge les 25 % restant à travers la BAD (Banque africaine de développement) et la BOAD (son jumeau ouest-africain).

C'est ainsi que le 21 décembre 2007, une fusée *Ariane 5* du centre spatial de Kourou effectue le lancement du *RASCOM-QAF1*, un satellite de type Spacebus qui sera le tout premier du programme RASCOM et au service du continent africain ! Il s'agissait alors d'un satellite de communication qui avait pour ambition de proposer des services multiples (téléphones, télévision, connexion internet via la technologie VSAT (Ku et C band), et de couvrir tout le continent africain, jusqu'à déborder vers une partie de l'Europe du Sud et du Moyen-Orient. L'euphorie a malheureusement été de courte durée… car dès le 22 décembre 2007, lendemain du lancement officiel, les spécialistes ont constaté une fuite d'hélium pressurisé au moment de sa mise en orbite. Ce n'est qu'un an plus tard (le 8 janvier 2008) que le fabricant du satellite, Thales Alenia Space, a démarré une procédure de remise sur orbite qui a duré 4 semaines. L'orbite a bien été atteinte, mais la durée de vie du satellite a, elle, été réduite de 15 ans à 2 ans ou 3 ans maximum.

C'est pourquoi le mercredi 4 août 2010, son successeur *RASCOM-QAF1R*, deuxième satellite du programme a été lancé, toujours à partir d'Arianespace, en Guyane. Malgré les désillusions du premier projet qui a fait tergiverser beaucoup d'investisseurs sur la suite, ce nouvel engin spatial a encore été majoritairement porté par le fonds libyen à hauteur de 63 % ! Parmi les autres co-financeurs, nous avons 45 opérateurs de téléphonie africains à hauteur de 25 %, puis Thales Alenia Space, constructeur spatial européen, à hauteur de 12 %. *RASCOM-QAF1R* est donc l'actuel satellite panafricain disponible dans l'espace à la position 3,1° EST, qui couvre tout le continent africain, une partie du sud de l'Europe, et effleure un peu le Moyen-Orient.

Pour l'avenir, l'Union africaine, dans son fameux Agenda 2063, a ainsi prévu, parmi ses programmes clés, l'élaboration et la mise en œuvre d'une stratégie spatiale africaine pour l'espace extra-atmosphérique. L'objectif est d'aller au-delà du programme RASCOM en développant nos propres capacités de fabrication et de lancement des satellites. Un groupe de travail sous la tutelle de la commission des ressources humaines, de la science et de la technologie, est actuellement en charge de mener à bien ce gigantesque et passionnant programme.

Si l'ambition en matière de communication haut débit est aujourd'hui surpassée par la fibre optique, ce satellite reste tout à fait nécessaire et d'actualité pour la plupart des autres services. C'est par exemple dessus que les télévisions telles que Digital Congo TV, Afrique Media, Nour TV du Gabon, Liberty TV du Cameroun, etc., opèrent au quotidien. Mais est-ce le seul satellite africain aujourd'hui ?

En plus du RASCOM, il existe un autre projet de satellite de communication à vocation continentale dont on ne fait pas souvent cas : il s'agit du projet New Dawn. Initié en 2009 par deux fonds d'investissement sud-africains (Convergence Partners et Altirah Capital) en partenariat avec l'opérateur Intelsat, ce projet de satellite a pour ambition d'augmenter significativement la capacité satellitaire africaine existante, ainsi que d'apporter la connectivité dans les zones les plus reculées du continent. Ce qui, associé aux capacités fournies par les satellites existants, permettra de renforcer l'intégration régionale et de stimuler le développement socio-économique de l'Afrique.

Si cette initiative semble moins panafricaine (en ce sens que plusieurs pays sont activement impliqués dans son déploiement) que la précédente, elle n'en demeure pas moins importante pour le continent. Le projet New Dawn est par ailleurs cofinancé par la Banque africaine de développement. Au moment où nous écrivons ces lignes (octobre 2021), il n'est pas encore complètement opérationnel.

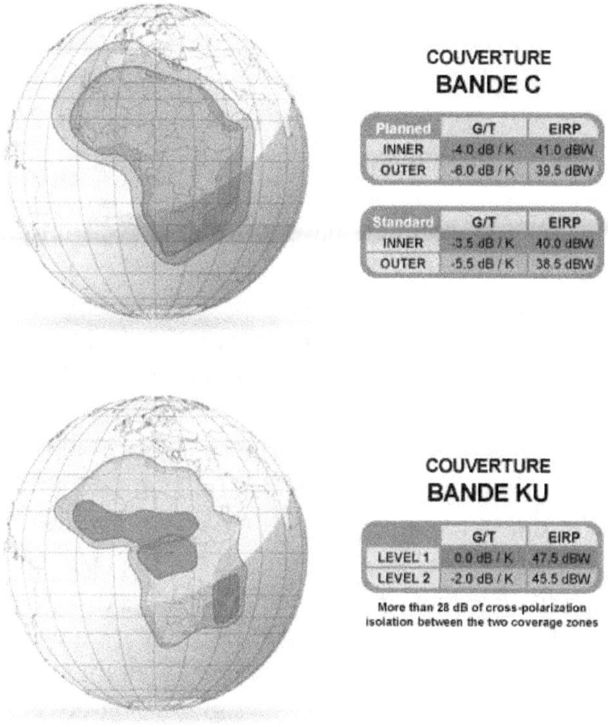

Image 3 : Zone de couverture du satellite *RASCOM-QAF1R*.
Source : https://www.telesatellite.com/satellites/rascom-qaf-1r/.

b) Les satellites à vocation nationale

Au regard de l'expérience du projet RASCOM, qui s'est illustrée par la lourdeur dans sa mise en œuvre (de la phase d'étude en 1988 jusqu'au premier lancement en 2007), certains pays africains ont entrepris de lancer eux-mêmes leurs propres satellites dans l'espace. Ainsi, en fin d'année 2021, on dénombre un total de 41 satellites nationaux lancés en orbite par treize pays du continent. Les deux derniers en date ont été lancés au courant de cette même année[1], notamment le *Challenge ONE* de la Tunisie et le *MIR-SAT1* de l'île Maurice. C'est le tout premier satellite pour chacun de ces deux pays. Le satellite éthiopien *ET-SMART-RSS* était le seul lancé en 2020 en raison de la crise sanitaire.

L'un des tout premiers pays africains à avoir un satellite national, c'est l'Afrique du Sud, qui dès 1999 a lancé son premier microsatellite Sunsat à partir de la base militaire américaine de Vandenberg, mais monté par des étudiants sud-africains de l'université de Stellenbosch. C'est bien plus tard en 2010 que le pays s'est doté de la SANSA (South African National Space Agency), son agence spatiale qui a piloté le lancement des 7 autres. Le Nigeria, quant à lui, a commencé par créer la National Space Research and Development Agency (NASRDA) en 1999, qui a préparé le lancement en 2001 du premier satellite nigérian en orbite baptisé *NigeriaSat-1*. Ce pays en compte six aujourd'hui. Sans vouloir refaire l'histoire de chaque lancement par pays, nous vous proposons ci-dessous une infographie récapitulant les 41 satellites repartis par pays (plus les 3 continentaux), représentant ainsi une photographie à ce jour de l'activité de l'Afrique dans l'espace extra-atmosphérique.

Pour l'avenir, l'Union africaine, dans son fameux Agenda 2063, a ainsi prévu parmi ses programmes clés l'élaboration et la mise en œuvre d'une stratégie spatiale africaine pour l'espace extra-atmosphérique. L'objectif est d'aller au-delà du programme RASCOM en développant sur le continent des capacités de fabrication et de lancement des satellites (car jusqu'à présent aucun des pays africains ne dispose de la moindre base de lancement, ce qui les rend de fait technologiquement dépendants des pays ayant cette

[1]Selon la société nigériane Space in Africa qui suit les programmes spatiaux africains.

capacité pour lancer leurs propres satellites nationaux). Un groupe de travail sous la tutelle de la commission des ressources humaines, de la science et de la technologie, est actuellement chargé de mener à bien ce gigantesque et passionnant programme.

Ceci est d'autant plus important que nous sommes en plein dans une nouvelle dynamique de conquête spatiale à l'échelle mondiale, aussi bien pour des raisons stratégiques (militaire, renseignement, leadership) que financières. C'est à cela que renvoie le concept de New Space, entendu comme l'ouverture de l'espace extra-atmosphérique à de nouveaux acteurs, le développement de nouveaux usages, mais surtout la démocratisation de l'accès à l'espace grâce à la miniaturisation des satellites (avec pour conséquence la réduction des coûts d'acquisition et de lancement).

En effet, si autrefois le monopole des États s'exerçait à travers leurs agences nationales, telles que la NASA, l'espace est désormais investi par des acteurs privés. L'entreprise SpaceX du puissant patron américain Elon Musk (célèbre fondateur de la compagnie Tesla) en est une illustration des plus abouties. À travers son titanesque projet Starlink, l'ambition de Musk est de couvrir la totalité du globe terrestre avec une constellation de 42 000 satellites miniaturisés, interconnectés et autopilotés par une intelligence artificielle, afin d'apporter l'accès à Internet haut débit même dans les recoins les plus reculés du monde (y compris sous l'eau). Rien que ça ! En date de novembre 2021, 1800 satellites ont déjà été déployés dans le cadre de ce projet sans précédent.

Malgré les avancées récentes et les perspectives annoncées par les pays et institutions africains, force est de constater que les ambitions spatiales de l'Afrique sont encore loin du compte au regard des nouveaux rapports de force économiques et des enjeux de souveraineté (espionnage massif) qui s'y développent à grands pas.

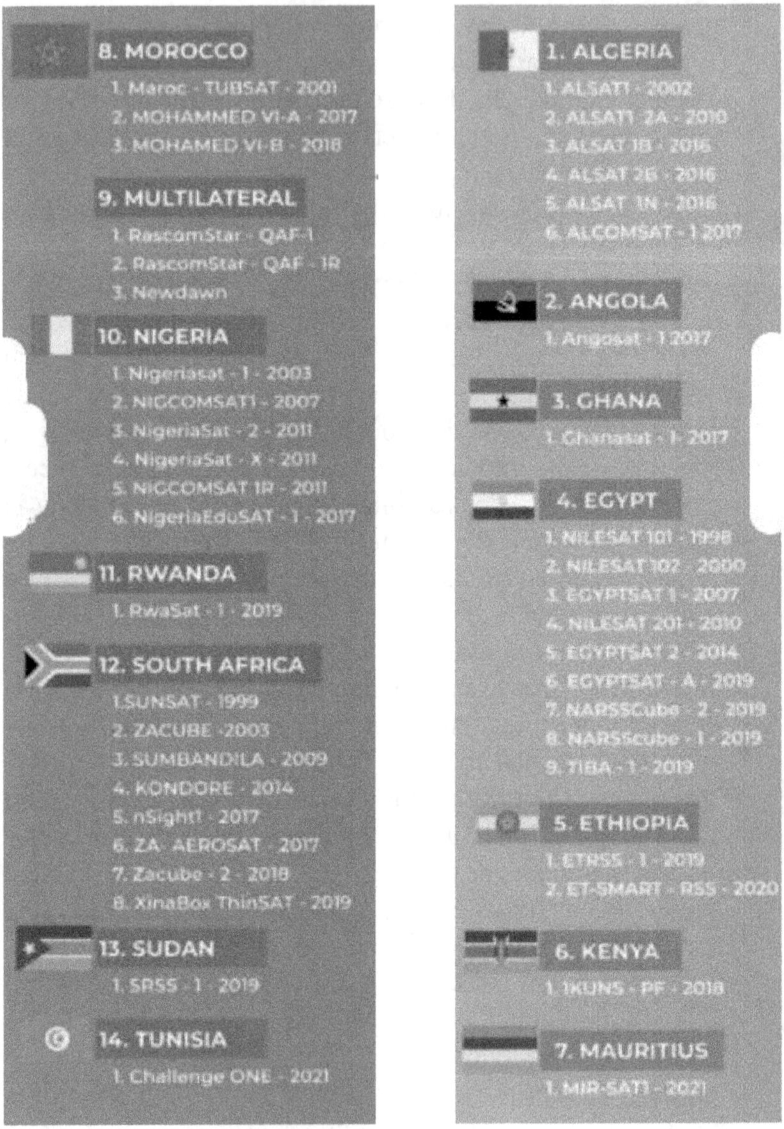

Image 4 : Liste des satellites africains par pays (2021).
Source : Africanews.space.

2°) Les réseaux de câbles terrestres et sous-marins

a) Les réseaux terrestres

Si on peut se féliciter des importantes évolutions notées au fil des années sur ce déploiement des infrastructures à large bande en Afrique, beaucoup reste encore à faire aujourd'hui en 2021. Cela est notamment vrai pour le projet d'infrastructure réseau terrestre de fibre optique intra et inter pays, qui consiste en la mise en place de câbles transfrontaliers à fibre optique (enterrés ou aériens), ou en l'acquisition ou la location de capacités de transfert sur les câbles existants.

Le but étant de constituer une boucle locale et régionale de très haut débit afin de faciliter les échanges d'information aussi bien dans le continent que vers l'international (projet Umojanet).

Portée et pilotée par le NEPAD, l'exécution de ce vaste projet infrastructurel était découpée en plusieurs phases permettant d'atteindre la couverture complète du continent en 2012. La première phase portait sur le déploiement du réseau en Afrique australe et orientale, tandis que les phases suivantes s'attacheraient à poursuivre dans les régions occidentale, centrale et septentrionale du continent.

Cependant, ce projet d'installation d'infrastructure terrestre a pris un lourd retard pour diverses raisons en fonction des pays (politique intérieure, manque de financement, etc.), comme l'illustre l'image ci-dessous. Cependant, on estime l'évolution globale à un pourcentage d'environ 40 % de réalisation, ce qui permettait de compter en juin 2019 plus de 520 millions de personnes connectées (sur environ 1 300 milliards d'Africains !).

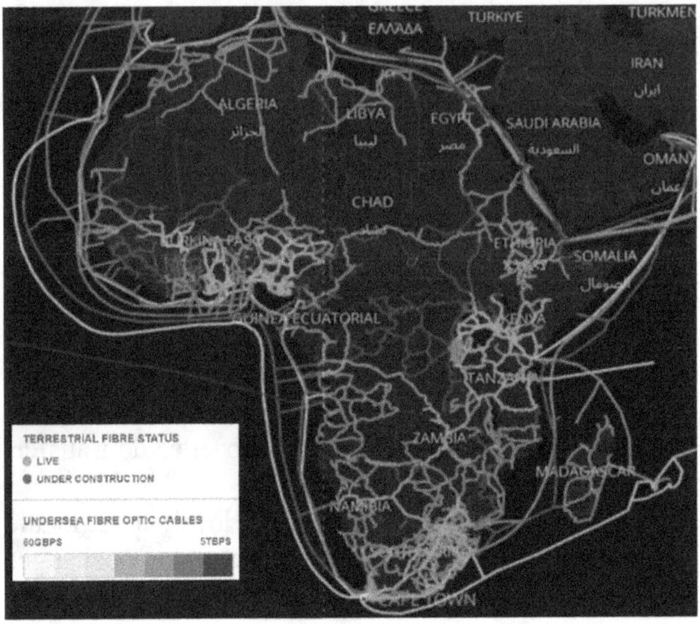

Image 5 : Réseau africain de fibre optique.
Source : https://afterfibre.nsrc.org/.

b) les réseaux de câbles sous-marins

Depuis les vingt dernières années, on peut noter que les Africains multiplient les accès au reste du réseau mondial en se reliant à de plus en plus de câbles sous-marins (projet Uhurunet). Si pendant longtemps le seul accès à Internet pour tout le continent était via le câble SAT-3 (South Africa Transit 3 dès 2001), nous sommes aujourd'hui reliés à plusieurs autres câbles sous-marins afin de mieux desservir plusieurs zones et pays (câbles WACS, Seacom, EASSy, DARE, MainOne, TEAM, ACE, GLO1, etc.).

Le réseau de câbles sous-marins d'Afrique de l'Est (EASSy) par exemple, d'une longueur de 10 000 kilomètres, connecte 21 pays de l'Afrique du Sud au Soudan. Le système d'accès ouvert qui permet à tous fournisseurs de services Internet de la région d'accéder à ce réseau au même prix (qu'il soit ou non investisseur dans la mise en place du réseau) permet une réduction drastique des prix pour le consommateur.

Seacom est un autre câble sous-marin à fibres optiques de 17 000 kilomètres coûtant 650 millions USD, qui a été lancé en juin 2009 et relie l'Afrique du Sud à Mumbai en Inde, à Marseille en France et à Londres via le Kenya, la Tanzanie, le Mozambique et Madagascar. Le Kenya travaille également avec Etisalat pour relier sa ville côtière de Mombasa à Fujairah, dans les Émirats arabes unis. Un montant de 82 millions USD a été attribué à l'entreprise française Alcatel-Lucent pour la pose du câble à fibres optiques de 4 500 km destiné au système marin est-africain (TEAMS). SEACOM et TEAMS sont opérationnels toujours avec la politique de libre accès aux fournisseurs et de réduction des prix pour les consommateurs.

Globacom, le deuxième opérateur le plus ancien du Nigeria, a établi depuis 2009 une liaison à fibre optique de 9 500 km baptisée GL01, allant de Lagos jusqu'à Accra au Ghana, et à Dakar, au Sénégal. MainOne est un autre projet nigérian mis en œuvre par Mainstreet Technologies qui relie le Portugal à Lagos et Accra depuis mai 2010. La liaison devrait se poursuivre avec l'Afrique du Sud pour un coût de 865 millions USD. Le West African Cable System (WACS) quant à lui est soutenu par les plus grands opérateurs d'Afrique du Sud (MTN, Neotel, Telkom et Vodacom), qui assurent le trafic sur la côte ouest. Le projet Africa Coast to Europe (ACE) qui relie la

France au Gabon depuis 2016, a été construit et lancé par un consortium constitué de 14 opérateurs africains et de l'opérateur France Télécom (Orange) qui en est le leader.

Malgré tous ces projets, programmes et autres initiatives, le continent africain pris dans son ensemble demeure l'une des régions du monde les moins desservies en matière d'infrastructures de télécommunication. C'est pourquoi certains projets sont toujours en cours (NEPAD, etc.), et des groupes d'intérêt étrangers en annoncent de nouveaux qui leur permettront de consolider leur présence sur le continent.

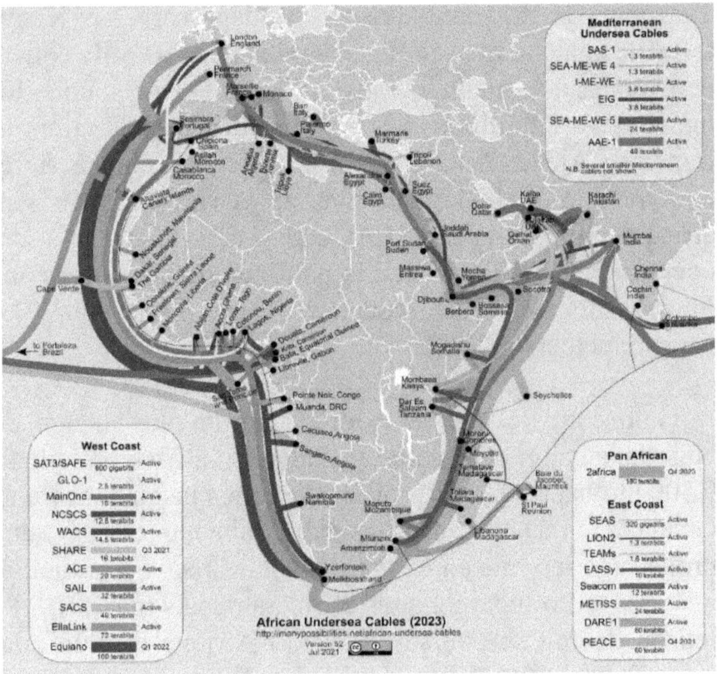

Image 6 : Cartographie des câbles sous-marins à fibre optique qui desservent l'Afrique. Source : Submarine Cables Network.

Par exemple, dans une parution du *Wall Street Journal* datant d'avril 2019, Facebook a annoncé au monde entier le lancement d'un gigantesque projet dénommé « SIMBA » (aujourd'hui connu sous la dénomination « 2africa[1] »), dont l'objet est l'interconnexion haut débit de trois continents (Afrique, Europe, Asie) par un câble sous-marin, afin de desservir jusqu'à 3 milliards de personnes dans le monde. Avec une longueur de 45 000 km, il va encercler l'ensemble du continent africain, et deviendra de fait le câble sous-marin le plus long du monde !

Comme souvent pour les projets de cette envergure, l'initiative est portée par un consortium de 7 opérateurs mondiaux (Facebook, China Mobile International, MTN Global Connect, WIOCC, Orange, STC, Telecom Egypt, Vodafone), avec à sa tête le géant américain qui en est l'initiateur. Le câble 2africa est en cours de déploiement depuis 2020, et sa mise en exploitation est prévue pour fin 2023. Avec ses 46 points d'atterrissage, il est actuellement prévu que ce câble desserve plus d'une vingtaine de pays sur les côtes africaines.

De même, en novembre 2020, l'opérateur français Orange a annoncé le lancement d'un nouveau projet d'interconnexion par fibre optique entre huit pays de l'Afrique de l'Ouest (Burkina Faso, Sénégal, Côte d'Ivoire, Mali, Ghana, Libéria, Nigeria, Guinée). Baptisé « Djoliba[2] », il s'agit de plus de 10 000 km de réseau terrestre à fibres optiques, couplé à 10 000 km de câble sous-marin [ACE, SAT3, MAIN One], et présenté comme le nouveau *backbone* pour une connectivité à très haut débit (jusqu'à 100 Gbit/s) en Afrique de l'Ouest, avec un taux de disponibilité estimé à 99,99 %. Ce réseau transfrontalier, qui en réalité s'appuie sur les filiales de l'opérateur français installées sur le continent, couvre

---

[1] Le câble *2africa* est représenté sur l'image 17 ci-dessus.

[2] Appellation du fleuve Niger en langue mandingue.

jusqu'à 16 points de présence avec un maillage de près de 155 sites techniques. En tant que phase avancée du programme Umojanet (dont Orange est l'un des principaux partenaires techniques), il permet ainsi une interconnexion par fibre optique entre les capitales des pays concernés.

Comme c'est souvent le cas quand il s'agit de l'Afrique, l'ambition affichée par les initiateurs des projets 2africa et Djoliba est d'améliorer l'accès des populations locales au très haut débit et à l'ensemble de ses services, tels que la santé, l'éducation, de démocratiser l'accès à la connectivité auprès des opérateurs et des entreprises, de stimuler l'économie numérique des pays, etc.

Cependant, comme déjà démontré dans un précédent ouvrage[1], nous ne sommes plus dupes de ces discours et autres éléments de langage à consonance philanthropique, qui bien souvent ont endormi les Africains encore trop naïfs face aux enjeux du cyberespace. Bien au contraire, ce type d'initiative confirme l'appétit grandissant que ces géants du numérique ont développé pour l'Afrique, dont les prévisions de croissance démographique en font le théâtre de tous les enjeux (économique, stratégiques, etc.), dans un contexte mondial de redistribution des cartes géopolitiques.

Alors que depuis quelques années la France perd du terrain dans ses zones d'influence historique (Afrique centrale et de l'Ouest) au profit des pays comme la Russie, la Turquie et surtout la Chine, nous pouvons par exemple lire la démarche de l'opérateur français (à travers son projet Djoliba) comme une volonté de consolider son ancrage sur le continent afin de maintenir son positionnement face aux géants chinois (Huawei, ZTE) et

---

[1] Djimgou Ngameni, *Souveraineté numérique et cyberdéfense : un enjeu de taille pour l'Afrique*, LARC, 2021.

américains (GAFAM) qui se déploient à grands pas sur le continent.

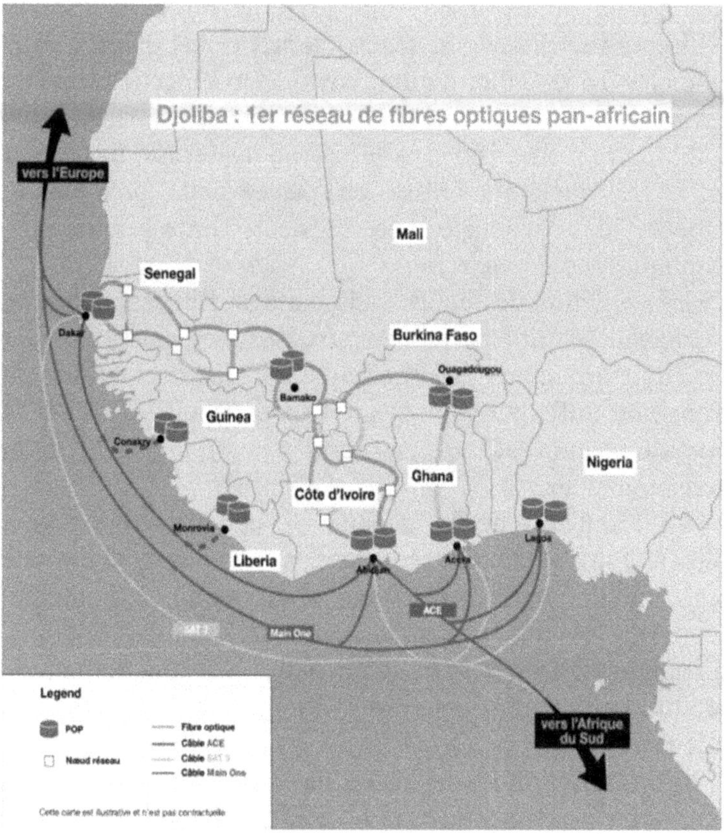

Image 7 : Cartographie du projet Djoliba.
Source : Communiqué de presse Orange, 10 novembre 2020.

3) Les points d'échange internet (IXP)

Un point d'échange internet (IXP ou *peering*) est un lieu d'interconnexion physique entre les infrastructures de plusieurs fournisseurs d'accès internet (FAI) opérant dans la même zone (ville, région, pays). Son objectif principal est de permettre un échange de trafic direct entre leurs utilisateurs respectifs, sans le faire transiter (ce trafic) par un autre opérateur. Mise en place, cette architecture procure des avantages de plusieurs ordres aux FAI impliqués, notamment :

La réduction des coûts — le partage d'infrastructure et l'échange de trafic permettent aux FAI partenaires d'éviter les coûts qu'un autre fournisseur aurait facturés au titre du transit du trafic par son réseau. Ce qui réduit le coût de la communication et qui en dernier ressort bénéficie au consommateur.

La réduction de la latence — cette interconnexion directe entre FAI localisées dans la même zone évite que les données aient à changer de pays ou de continent (comme c'est très souvent le cas en Afrique), passant ainsi directement d'un réseau à un autre. Ce qui permet de réduire la lenteur de connexion en améliorant le temps de latence.

L'optimisation de la bande passante disponible — en fait, la bande passante entre les FAI participant à un point d'échange internet peut être illimitée, car elle est gratuite pour leurs utilisateurs respectifs. En revanche, pour une communication en dehors de l'IXP, elle est limitée par le coût du transport des données à travers les opérateurs de transit.

Au regard de ces avantages, la plupart des grands pays et des grandes régions du monde ont parfaitement intégré l'importance de mettre en place autant de points d'échange que possible afin d'en bénéficier pleinement. C'est ainsi qu'en janvier 2020 il y en avait 90 aux États-Unis par exemple, pour 28 en Russie et 16 en France.

Cependant, malgré les avancées récentes, nombreux sont les pays africains qui n'ont pas encore franchi cette étape. Plus important encore, pour plusieurs raisons (politiques, sécuritaires, géographiques, économiques, etc.), il existe très peu de points d'échange entre pays africains alors que dans le même temps, certains pays tels que le Nigeria, la Tanzanie, l'Égypte, etc., en comptent plusieurs. Le pionnier en la matière est l'Afrique du Sud, qui dès 1997 a déployé le Cape Town Internet Exchange Point (nom de code CINX), qui est le tout premier point d'échange internet sur le continent.

D'après l'association regroupant les opérateurs de points d'échange internet de toute l'Afrique (AFIX), le continent compte en ce mois de janvier 2022 environ 47 IXP actifs localisés dans 43 villes à travers 35 pays. Au regard de la population à desservir (environ 1,3 milliard d'habitants), du taux de pénétration actuel d'Internet (environ 40 % en 2019), de la zone à couvrir et même de la qualité des infrastructures déjà disponible, ce nombre de IXP actifs est très insuffisant pour le continent. Ce qui peut en partie expliquer les lenteurs et le coût élevé de connexion internet observés dans plusieurs pays africains, résultant du fait que l'essentiel du trafic internet entre citoyens du même continent transite à l'extérieur de celui-ci (tantôt par la France, l'Angleterre, le Portugal, etc.). Et ce malgré l'évolution des réseaux de câbles à fibres optiques terrestres (Umojanet) et sous-marins (Uhurunet) évoqués *supra*.

Selon plusieurs experts, l'optimisation de ce réseau d'IXP à l'échelle du continent est un des leviers majeurs pouvant améliorer le coût et la qualité de la connexion internet en Afrique à condition de lever les contraintes et les pesanteurs qui freinent ce déploiement aussi bien intra qu'inter pays. C'est la thèse développée par un groupe de chercheurs dans leur article intitulé "Reshaping the African Internet: From Scattered Islands to a Connected Continent" publié en 2017 par la CAIDA[1].

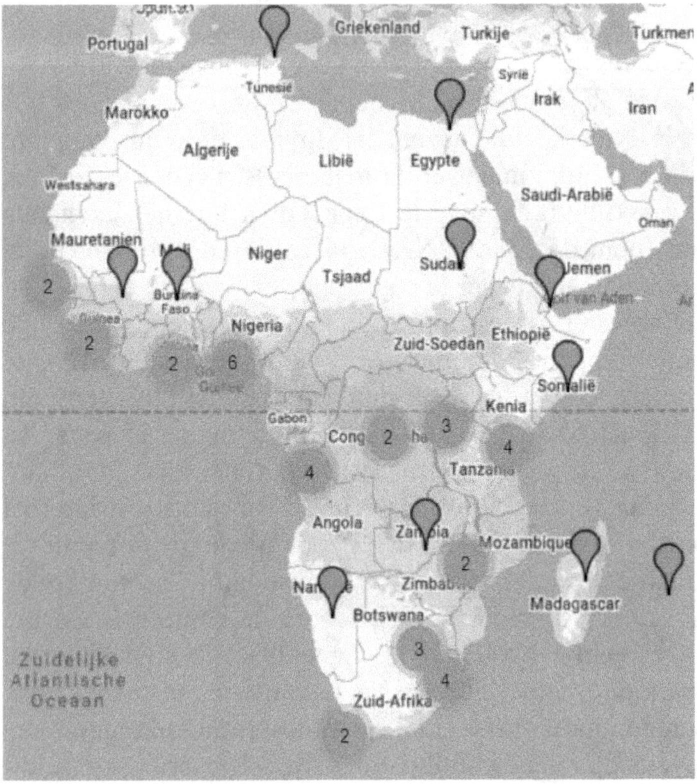

Image 8 : Cartographie des points d'échange Internet en Afrique (2021).
Source : Association africaine les opérateurs de points d'échange Internet.

[1] La CAIDA (*Center for Applied Internet Data Analysis*) est un centre d'analyse appliquée des données internet qui publie régulièrement des travaux de chercheurs sur l'évolution technique du réseau Internet. Dr Roderick Fanou, Dr Francisco Valera, Dr Pierre François, et Dr Amogh Dhamdhere sont les auteurs de l'article "Reshaping the African Internet:From Scattered Islands to a Connected Continent".

Chapitre IV

La vulnérabilité de l'Afrique dans le cyberespace

Le défaut d'indépendance et de souveraineté numériques des États africains met le cyberespace africain dans une situation de vulnérabilité. C'est ce dont attestent les actes de cyberagression au sens large dont l'Afrique est victime. Les États africains continuent à être massivement espionnés et surveillés, sans aucun moyen technique réel ni de le détecter et de prétendre l'arrêter ni de riposter. Au contraire des actions entreprises par les organisations dans tous les autres continents pour mieux se prémunir dorénavant (UE, Chine, Inde, etc.), il n'existe pour l'instant aucune initiative stratégique africaine visant à réduire [même à long terme] l'ampleur de cette forme *d'emprise coloniale de type cybernétique.*

Explorons ensemble quelques opérations de cyberagression menées à l'encontre des pays africains, aussi bien pour des raisons politiques que d'intelligence économique (avantage concurrentiel, influence). Alors que nos dirigeants n'en ont même pas fait état, la plupart des autres pays ciblés par ces mêmes opérations les ont qualifiés de cyberespionnage ou encore, dans certains cas, d'actes de cyberguerre (au sens du droit international).

Botnet et APT

L'une des catégories de cyberarmes les plus populaires du darknet et couramment utilisées, aussi bien par les particuliers que par certaines organisations, est celle des « botnets » (réseaux de robots). Avec cet outil, l'attaquant constitue une cyberarmée en recrutant des cybersoldats (potentiellement, tout ordinateur ou autre type d'équipement non sécurisé et connecté à Internet dans le monde). Au moment de l'attaque, il suffit pour le pirate d'indiquer à ces soldats numériques (parfois plusieurs millions à la fois) une cible et l'instruction à exécuter.

Malheureusement, de multiples attaques de ce type sont exécutées dans le monde en utilisant les ordinateurs des Africains comme « cybersoldats », car ils sont très souvent les moins sécurisés (logiciels gratuits, antivirus absent ou pas à jour, système d'exploitation sans licence, etc.). Encore pis, à quelques exceptions près, la plupart des pays africains n'ont pas de dispositif en place capable de les détecter lorsque ce type d'attaque est en cours. Ainsi, nous avons sur le continent des millions de machines vérolées qui restent longtemps dans les réseaux des attaquants, et sont même parfois utilisées à plusieurs reprises pour perpétrer des cyberattaques. C'est en général la cible finale qui s'en rend compte lors de ses investigations et mentionne le pays africain concerné dans ses rapports comme point de transit utilisé par le vrai commanditaire pendant l'attaque.

En tout état de cause, à l'exception de quelques pôles de référence (île Maurice, Afrique du Sud, Nigeria, etc.), les pays africains dans leur ensemble sont plutôt vulnérables et mal préparés face à la multitude d'APT (Advanced Persistent Threats[1]) qui sévissent dans le

---

[1] L'éditeur de solutions de cybersécurité *cybereason* définit un ATP de la sorte : « Une menace persistante avancée est une cyberattaque

cyberespace. L'encyclopédie[1] des acteurs de cybermenaces publiée en 2019 par le ThaiCERT[2] nous révèle même qu'aucun pays du continent n'est mentionné comme pays commanditaire ou parrain d'un quelconque groupe d'attaquant identifiable. Ce qui n'est pas surprenant, puisque tout l'objet de cet ouvrage est justement de sensibiliser sur la notion de cyberdéfense, paradigme à partir duquel cette démarche peut être envisagée. Tant que les Africains aborderont la protection du cyberespace uniquement par le biais de la lutte contre la cybercriminalité, ils ne verront pas l'impérieuse nécessité de créer leurs propres ATP.

L'encyclopédie en question relève cependant des APT qui au-delà de profiter de la vulnérabilité et de la naïveté des ordinateurs connectés en Afrique pour en faire les intermédiaires dans leurs opérations, prennent aussi pour cible les intérêts stratégiques africains dans le cyberespace. Ce qui là aussi est sans surprise dès lors que, la transformation numérique évoluant sur le continent, plusieurs pays mettent en ligne des services publics et informations sensibles sans prendre toutes les mesures de protection qui s'imposent.

Notons par exemple l'APT connu sous le nom de Conficius recensé dans l'encyclopédie, dont l'attribution est faite à l'Asie du Sud. Conçu pour l'espionnage et le vol d'information, il serait actif depuis au moins 2013 dans plusieurs pays du monde, dont la plupart des pays africains [selon l'étude]. Toujours pour des raisons de cyberespionnage et vol d'information, les APT 29 et The

---

furtive dans laquelle une personne ou un groupe accède à un réseau sans autorisation et reste non détecté pendant une période prolongée. »

[1] ThaiCERT, *Threat Group Cards: A Threat Actor Encyclopedia*, 2019 (ce document répertorie plus de 200 APT attribués à différents pays dans le monde).

[2] Centre national thaïlandais de gestion des incidents cybernétiques.

Dukes clairement attribués à la Russie seraient actifs depuis 2008 avec pour cible, entre autres, les États membres du Commonwealth, y compris donc les pays africains qui en font partie.

I – Le programme « Babar »

Connu sous le nom de code « SNOWGLOBE », ce programme a fait l'objet d'une analyse approfondie par les services de renseignement canadiens (le Centre de la sécurité des télécommunications Canada, CSTC) dont le rapport, révélé par Snowden, a été publié dans un article du journal *Le Monde* paru le 21 mars 2014. Ce rapport classé top secret (que j'ai consulté) datant de 2011 et issu des archives de la NSA indique qu'en plus du Canada et de l'Iran (avec son programme nucléaire), la Côte d'Ivoire, l'Algérie et plusieurs médias dans d'autres anciennes colonies françaises étaient des cibles privilégiées de cette opération.

Vraisemblablement développé et exploité par les services de renseignement français (DGSE), Babar est une plateforme d'espionnage multifonctionnelle qui, avec ses agents numériques malveillants déployés/implantés sur les postes d'écoute (ordinateurs/serveurs cibles), a pour objet de récupérer les informations de toute sorte (interception des communications audio et vidéo via les postes d'écoute, capture d'écran, disposition du clavier et enregistreur de frappe, historique de navigation, etc.). Toutes ces informations seraient remontées aux services secrets français pour analyse et exploitation dans différents domaines stratégiques. Le CSTC date l'activité du programme au moins à partir de 2006 jusqu'à la sortie du rapport en 2011.

Quand on sait que dans cette période nous avons eu les élections présidentielles en Côte d'Ivoire avec une crise postélectorale très controversée au point de conduire le président Laurent Gbagbo à la CPI[1], et qu'entre l'Algérie et la France le dialogue avait été rompu en 2009 en dépit des intérêts majeurs qui les unissaient, on est bien en droit de se poser des questions ! S'il est difficile d'établir un lien certain, le rôle du programme Babar est quand même à interroger au regard des accusations d'ingérence française portées publiquement par plusieurs composantes de la société africaine suite à la crise ivoirienne par exemple.

II – Cartographie mondiale des cibles de la NSA — l'Afrique concernée

Ci-dessous l'extrait d'un document classé top secret de la NSA et partagé avec ses homologues du groupe « five eyes » (USA, UK, Australia, Canada, New Zealand), qui illustre les zones géographiques couvertes par les opérations actives de cyberespionnage de la NSA, avec la classification des méthodes utilisées pour accéder au « SIGINT » (Signal Intelligence) ou renseignement d'origine électromagnétique (qui englobe les satellites, le numérique, les câbles sous-marins, etc.). On constate donc une présence importante en Afrique par diverses méthodes, notamment avec des stations régionales d'écoute par satellite (notamment à Kinshasa, Lusaka, Lagos, etc.), et des implants numériques (type de logiciel malveillant ayant l'espionnage pour finalité) essentiellement concentrés dans la partie nord-est de l'Afrique.

[1] La CPI (Cour pénale internationale) est une juridiction permanente et à vocation universelle, chargée de juger les personnes accusées de crimes graves (génocide, crime contre l'humanité, crime de guerre, etc.).

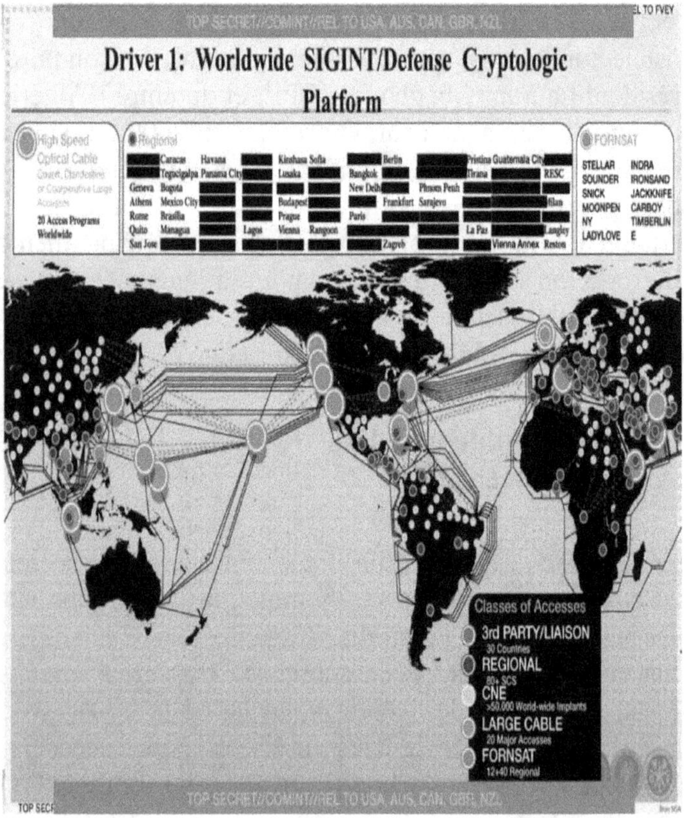

Image 9 : Cartographie des 5 principales sources d'information de la NSA dans le monde en 2012, dévoilée par le quotidien néerlandais *NRC Handelsblad* le 23 novembre 2013. Fait partie des documents « top secret » révélés par Snowden.

III – Opérateurs de télécommunication et services secrets : les noces barbares

Si la France s'est offusquée (au moins publiquement) du fait que la NSA espionne ses communications par fibre optique avec la collaboration des opérateurs américains et britanniques, ainsi que le décrit la documentation fournie par Snowden, le pays de Molière n'est certainement pas en reste dans ce type d'activité. En effet, on sait que d'après l'architecture actuelle d'Internet (plus précisément le schéma de répartition de la bande passante), environ 80 % du trafic numérique de l'Afrique vers l'international (notamment par fibre optique) transite par les opérateurs européens, y compris par France Télécom (Orange).

La preuve, cet opérateur français est initiateur et leader d'un consortium du nom de « African Coast Europe » regroupant 20 pays, dont le projet est l'interconnexion entre la côte ouest de l'Afrique et l'Europe par 17 000 km de fibre optique (câble sous-marin connu sous l'appellation ACE). L'ambition affichée est la réduction du coût de la bande passante internationale afin de démocratiser le haut débit, ainsi que la réduction de la fracture numérique pour booster le développement économique et social en Afrique. Est-ce à dire que cela ne profite pas aux services de renseignement européens ?

Le journal *Le Monde* a dévoilé le 20 mars 2014 un document des services de renseignement britanniques (GCHQ) indiquant clairement que la DGSE collabore activement avec l'opérateur français Orange, lequel lui assure (sans autorisation à cette époque) un accès total à toute son infrastructure téléphonique et internet et, ce, partout où l'opérateur Orange opère dans le monde.

L'auteur de l'article[1] cite un ancien chef de service de renseignement français, qui lui aurait expliqué que « le rapport entre France Télécom et la DGSE n'est pas de même nature que celui révélé dans le programme Prism de la NSA, qui a des liens contractuels avec les géants d'Internet. En France, c'est consubstantiel. » En gros, c'est pire que la NSA ! Car ici le lien semble être organique entre l'État français et cette entreprise. Ce que confirme d'ailleurs Stéphane Richard, alors PDG d'Orange, dont les propos ont été rapportés dans l'article en ces termes :

> *Des personnes habilitées secret-défense peuvent avoir à gérer, au sein de l'entreprise, la relation avec les services de l'État et notamment leur accès aux réseaux, mais elles n'ont pas à m'en référer. Tout ceci se fait sous la responsabilité des pouvoirs publics dans un cadre légal.*

Au regard de tous ces éléments, il nous semble donc tout à fait plausible que la DGSE ait accès aux données transitant par tous les câbles sous-marins à fibres optiques qui desservent l'Afrique et dont les opérateurs français assurent le contrôle (ACE, SAT3, projet Djoliba, etc.). Comme le relève aussi l'article du quotidien français cité *supra*, leur agence de renseignement partagerait les résultats des analyses faites de toutes ces données recueillies avec leurs partenaires et homologues européens, comme c'est d'ailleurs de coutume.

La Loi de programmation militaire de décembre 2013, définissant la nouvelle stratégie française en matière de cyberdéfense, avait d'ailleurs entériné cette pratique dans son article 13. Il était question, à l'image de la NSA, de renforcer les possibilités qu'avait l'État français de surveiller à la fois les données de connexion et les informations transitant ou stockées sur Internet. La loi de

[1] Jacques Follorou, « Espionnage : comment Orange et les services secrets coopèrent », *Le Monde*, 20 mars 2014

programmation militaire de 2018 va même encore plus loin ! « Renseignement : le gouvernement offre aux services une surveillance étendue », voilà le titre révélateur de l'article que nous propose Thierry Noisette dans le journal *L'OBS* du 20 juin 2018, traitant ainsi de l'amendement qui autorise clairement la collecte des données à l'international par le DGSE, et leur exploitation par les différents services de l'État français.

Pour rappel, Orange est présent dans 18 pays africains ! Ainsi, si vous êtes son client dans un de ces pays, voire en France, il n'est donc pas exclu que les agents de renseignement français puissent écouter vos appels, lire vos SMS, consulter votre liste de contact (ou toute autre information personnelle) sauvegardée sur le « Cloud » de l'opérateur ; consulter l'historique de vos transactions Orange money (montant, destinataire, etc.) ; intercepter l'essentiel de votre trafic internet vers l'international, et bien plus encore ! Avec des clients dans toutes les couches de la société jusque dans les palais présidentiels africains, nul besoin d'un dessin pour comprendre l'impact socio-politico-économique de cette pratique.

On peut faire exactement la même analyse à propos des câbles sous-marins WACS (West Africa Cable System) et Seacom qui relient l'Afrique du Sud à l'Angleterre, avec les mêmes conséquences stratégiques (sabotage facile en cas de conflit avec l'Afrique, cyberespionnage par le GCHQ) pour tous les pays des côtes Ouest et Est africaines par lesquels passe cette fibre[1].

---

[1] Cf. *Image 6 : Cartographie des câbles sous-marins à fibres optiques qui desservent l'Afrique.*

IV – 21 pays africains massivement espionnés entre 2009 et 2010

Beaucoup de panafricains parlent aujourd'hui de néocolonisation en Afrique, mais leur analyse ne tient pas souvent compte du moyen d'action stratégique et très efficace qu'est le renseignement numérique. Dans leur bataille d'intelligence économique, de conquête des marchés et d'influence politique sur le continent, les puissances étrangères s'affrontent aussi dans le cyberespace en espionnant leurs intérêts réciproques implantés dans nos pays.

Par exemple, dans un article du 8 décembre 2016 intitulé « Chefs d'État, diplomates, hommes d'affaires, le *Who's who* des écoutes britanniques en Afrique » et cosigné par les journaux *Le Monde* et *The Intercept*, on apprend que les services de renseignement britanniques espionnent les intérêts de la France en Afrique (ambassades de Kinshasa et de Niamey par exemple). Plus grave encore, ce rare panorama qui nous est dressé sur la réalité de l'espionnage satellitaire moderne dévoile que le GCHQ surveille et intercepte toutes les communications (transitant par satellite) des élites africaines, telles que les opérateurs économiques majeurs, les diplomates, les élites politiques importantes du pouvoir ou de l'opposition, les responsables aussi bien militaires que du renseignement et, surtout, les chefs d'État et de gouvernement. Joan Tilouine et Simon Piel, les auteurs de l'article, l'illustrent bien dans ce paragraphe :

> *Au premier rang des cibles du GCHQ figurent les chefs d'État et les Premiers ministres. Principal partenaire économique du Kenya, la Grande-Bretagne et ses services secrets interceptent les échanges du président Mwai Kibaki et de ses conseillers les plus stratégiques, mais aussi ceux du Premier ministre Raila Odinga en mars 2009. Il en va ainsi de l'Angola, premier producteur de pétrole d'Afrique, dirigé*

depuis 1979 par le président José Eduardo dos Santos. Toujours selon ces rapports d'interception, en 2009, le palais présidentiel de Luanda a été visé. Cette année-là, l'Angola est frappé par la baisse brutale des cours des matières premières et la secrétaire d'État américaine, Hillary Clinton, se rend à Luanda pour renforcer la coopération stratégique. La Grande-Bretagne partage alors leurs informations pour assurer leur mainmise sur la région.

En réalité, ce mélange de collecte massive d'information et de collaboration entre partenaires est une pratique courante chez les services de renseignements occidentaux, bien souvent au détriment des pays africains. Ce qui s'est ainsi passé en Angola et au Kenya a également eu lieu en République démocratique du Congo où, selon le même article, les communications de Joseph Kabila et celles de son père avant lui ont été étroitement surveillées pendant plusieurs années par les services britanniques, qui n'épargnaient d'ailleurs pas son entourage proche (conseillers militaires et politiques, etc.).

Toujours selon cet article qui pour rappel s'appuie sur un rapport d'interception révélé par Snowden, la même pratique observée en RDC, au Kenya ou encore en Angola, a aussi eu cours en Afrique de l'Ouest avec le même mode opératoire. Dans un pays comme le Nigeria, les présidents Umaru Yar'Adua puis Goodluck Jonathan ainsi que leurs cercles stratégiques, auraient bien figuré sur la liste d'interception de communication maintenue par le GCHQ. Pareil pour le président Ghanéen John Kufuor et ses proches collaborateurs, etc.

Bien que les documents de preuves ne précisent pas depuis quand cette opération de surveillance de masse a exactement commencé ou si elle est toujours en cours, ils permettent néanmoins de retracer les activités se déroulant effectivement entre 2009 et 2010, en indiquant au total 21 pays africains dont les élites, dirigeants et responsables ont été ciblés en fonction des intérêts stratégiques du moment, et ce sans que personne ne lève le petit doigt. Il s'agit notamment des pays suivants : Algérie, Angola, Burkina Faso, Érythrée, Ghana, Guinée, Guinée-Bissau, Kenya, Libéria, Libye, Mali, Niger,Nigeria, République du Congo, République démocratique du Congo, Sierra Leone, Somalie, Soudan, Tchad, Togo, Zimbabwe.

Image 10 : Cartographie des 21 pays africains ayant fait l'objet d'écoute des services secrets britanniques entre 2008 et 2011 (source : Journal *Le Monde* du 8/12/2016).

V – Le cyberespionnage chinois en Afrique

Cas des institutions kenyanes sur fond de guerre économique

D'après un rapport d'étude[1] sur l'analyse des menaces cyber menée par l'entreprise américaine Recorded Future[2], plusieurs institutions kenyanes ont subi des cyberattaques en début du mois de juin 2018. Il s'agit notamment du bureau des Nations unies à Nairobi, de l'université Strathmore du Kenya (et plus largement dans le réseau de l'éducation nationale), de l'autorité portuaire kényane (Kenya Ports Authority), d'une société d'État chargée de l'entretien et l'exploitation de tous les ports du Kenya.

Selon le rapport, les moyens techniques des analystes américains ont permis de remonter la source des attaques jusqu'à la Chine, et précisément à l'université Tsinghua. Il s'agit d'une institution universitaire publique dont l'étude démontre ses liens étroits avec le gouvernement et le parti communiste chinois, notamment dans le cadre des cyberopérations de haut niveau.

En effet, dès son introduction, les analystes ayant conduit l'étude indiquent avoir identifié une série d'activités de reconnaissance du réseau (première phase d'une cyberopération) menées à partir de l'infrastructure de l'université de Tsinghua et ciblant plusieurs organisations géopolitiques, aussi bien aux États-Unis (gouvernement et département des Ressources naturelles de l'État de l'Alaska), en Allemagne (Daimler AG,

---

[1] Il s'agit du rapport CTA-2018-0816 intitulé *Chinese Cyberespionage Originating from Tsinghua University Infrastructure*, sorti en 2018.

[2] *Recorded Future* est une entreprise américaine du domaine de la cybersécurité et de l'analyse de données, qui d'après plusieurs sources serait cofinancée par Google et la CIA. Cette entreprise est assurément proche des services de renseignement américains.

multinationale de l'automobile), qu'au Kenya. Le pays africain n'était donc pas la seule cible !

Ayant remarqué que ces activités se déroulaient en général durant des périodes de négociations économiques entre la Chine et les pays ou organisations visés (probablement dans le cadre du déploiement du vaste projet de la nouvelle route de la soie), le rapport conclut [avec les précautions d'usage] qu'il s'agissait bien de tentative de cyberespionnage pour raison économique. Cette phrase le résume bien :

> *Nous estimons avec une confiance moyenne que les activités de reconnaissance du réseau que nous avons découvertes ont été menées par des acteurs parrainés par l'État chinois pour soutenir les objectifs de développement économique de la Chine.*

Voilà qui est limpide !

Dans le cas particulier du Kenya, ces activités coïncident avec un moment de tension entre Nairobi et Pékin. En effet, le gouvernement kenyan, qui avait pourtant déclaré en début d'année 2018 qu'il ferait une campagne de promotion des projets de la nouvelle route de la soie auprès de ses voisins dans la sous-région, a subitement fait volte-face en mai de la même année. Évoquant un « déséquilibre commercial énorme » en faveur de l'empire du Milieu, cet État d'Afrique de l'Est avait finalement annoncé qu'il ne signerait pas l'accord de libre-échange alors en cours de négociation entre la Chine et les États de la communauté est-africaine.

Ces cyberopérations étaient-elles alors destinées à trouver des moyens de pression, des informations pouvant fragiliser les autorités kenyanes au point de leur forcer la main pendant les négociations ? En tout cas nous n'avons pas trouvé d'information à ce jour indiquant un changement d'avis de l'État du Kenya sur la question. Par contre, plusieurs journaux ont relayé les propos d'Uhuru

Kenyatta d'une part et des officiels américains d'autre part, annonçant le début des négociations à partir du 7 juillet 2020 sur un accord de libre-échange entre Nairobi et Washington ! Peut-on y voir un lien entre le rapport d'étude de Recorded Future que nous venons d'explorer et cette annonce deux ans plus tard ?

En tout cas, le journal français *Le Figaro*, dans sa parution du 8 juillet 2020 rapportant les propos de Robert Lighthizer (représentant américain au commerce), rappelle qu'en 2018 (année de sortie du rapport en question), les dirigeants des deux pays avaient noué un partenariat stratégique et créé un groupe de travail sur le commerce et l'investissement « pour [disait-il] jeter les bases d'un renforcement des relations commerciales futures ». En réalité, si les cyberactivités chinoises contre le Kenya visaient en effet des objectifs économiques, la publication de ce rapport par une entreprise américaine proche des milieux du renseignement n'en visait certainement pas moins.

Cas du siège de l'Union africaine

L'exemple le plus marquant et le plus symbolique de cette pratique est le cyberespionnage du siège de l'Union africaine, rendu public en janvier 2017. Au regard de la forte présence chinoise sur le continent aujourd'hui et d'un modèle de coopération qui se veut différent (apparemment moins agressif et plus généreux), beaucoup de dirigeants et hauts fonctionnaires africains ont pratiqué la langue de bois sur cette révélation fracassante, l'ayant ainsi empêché de devenir le scandale que cela méritait d'être. En effet, du point de vue d'un expert en cybersécurité/cyberdéfense, *il est pratiquement impossible* qu'un gouvernement étranger, quelle que soit sa bonne foi, vous offre clé en main un bâtiment aussi stratégique que le siège de l'Union africaine où se rencontrent les chefs d'État et de gouvernement de tout le continent, sans l'avoir truffé de moyens d'écoute et de portes dérobées dans son système d'information. Ce serait un échec opérationnel des services de renseignement d'un tel pays.

Du coup, c'est sans surprise qu'on a appris par un fonctionnaire de la cellule informatique du siège de l'UA en janvier 2017, que les serveurs envoyaient vers l'extérieur un trafic anormalement important la nuit. Après investigation, l'équipe informatique s'est rendu compte que chaque nuit il y avait un énorme transfert de fichiers (contenant certainement des informations sensibles) du siège de l'UA vers des serveurs externes apparemment hébergés à Shanghaï, et ce depuis 2012, lorsque le bâtiment avait été complètement équipé (jusqu'au système d'information) avant d'être offert aux diplomates africains.

On peut cependant noter que suite à cette révélation, même si les élites africaines n'ont pas voulu faire de bruit médiatique, les ingénieurs chinois encore en fonction ont été remerciés, et l'ensemble des équipements du système d'information remplacé (postes de travail, serveurs, etc.). Une évaluation de sécurité de l'ensemble du dispositif avait même été effectuée avant le 29e Sommet de juillet 2017 par des experts algériens et éthiopiens, qui à cette occasion avaient encore débusqué plusieurs micros actifs. Mais les dirigeants africains ont-ils tiré les leçons de cette affaire ? Il est tout à fait regrettable de constater que non ! Ni l'affaire Snowden ni cette affaire de l'UA n'ont suffi pour que les chefs d'État et de gouvernement africains, pourtant tous concernés, tirent les leçons qui s'imposaient d'elles-mêmes. Examinons ensemble quelques éléments qui soutiennent cette affirmation.

Cas de l'espionnage des bâtiments offerts

Un rapport d'étude plus récent encore a été rendu public le 20 mai 2020 par un autre organisme américain : The Heritage Foundation. Ce rapport, qui inquiète vraisemblablement les services américains, fait état une fois de plus des activités « dangereuses » d'acteurs apparentés à la Chine dans le cyberespace et souligne clairement la menace sur les intérêts états-uniens en Afrique. Globalement, il s'agit de l'espionnage massif d'une centaine de bâtiments officiels offerts par le gouvernement chinois aux institutions africaines.

En effet, Joshua Meservey, auteur de cette étude, qui l'a adressé au gouvernement fédéral, fait remarquer de prime abord que « Pékin pourrait avoir un meilleur réseau de surveillance en Afrique que partout ailleurs dans le monde ». Cet analyste rappelle qu'au nom des multiples accords de coopération entre les pays africains et la Chine, et au regard de sa stratégie d'implantation sur le continent noir :

> *[...] les entreprises chinoises ont construit ou rénové (ou les deux) au moins 186 bâtiments gouvernementaux africains sensibles ; les entreprises chinoises de télécommunications ont construit au moins 14 réseaux de télécommunications intragouvernementaux « sécurisés » ; et le gouvernement chinois a fait don d'ordinateurs à au moins 35 gouvernements africains.*

En phase avec la position officielle de son pays, qui considère la Chine comme le leader mondial des opérations d'espionnage économique et d'influence étrangère, Joshua postule dans ce rapport que :

> *Pékin utilise presque certainement ses engagements en Afrique pour surveiller les fonctionnaires et les chefs d'entreprise américains et africains. Le gouvernement chinois pourrait [...] utiliser les informations qu'il recueille pour*

avantager ses entreprises en concurrence avec les entreprises américaines et autres, glaner des informations sur les programmes américains d'aide à la sécurité et de lutte contre le terrorisme, et recruter ou influencer de hauts fonctionnaires africains.

Au-delà du parti pris clair et évident pour les intérêts américains, les deux rapports (Recorded Future et The Heritage Foundation) que nous venons d'explorer devraient tout de même tirer la sonnette d'alarme dans tous les pays africains quant à la nécessité de changer de paradigme dans l'accès aux technologies et la protection de leurs infrastructures numériques.

Il résulte clairement de tout cela que le continent dans sa globalité est un vaste terrain d'affrontement entre grandes puissances, telles que la Chine et les États-Unis, et ce, aussi bien sur les terrains économiques, stratégiques, qu'informationnels.

Cas d'implant de virus dans les Smartphones

Dans un article récent[1], le journal *BBC* révèle la découverte d'un virus que des fabricants chinois ont implanté dans des milliers de smartphones Android à destination de l'Afrique. Fabriqués par l'entreprise chinoise Transsion told Buzzfeed[2], il s'agit des téléphones de la marque Tecno, dont beaucoup d'Africains raffolent, car très pratiques et peu coûteux par rapport aux prix des grandes marques aux fonctionnalités similaires.

---

[1] "Chinese phones with built-in malware sold in Africa", *BBC*, août 2020.

[2] Selon le cabinet d'études IDC, l'entreprise Transsion Holdings est parmi les principaux fabricants chinois de smartphones, et le fournisseur principal du marché africain.

Ce virus, du nom de Triada Malware, découvert par Upstream[1] dans plusieurs pays africains (Cameroun, Éthiopie, Ghana, Afrique du Sud, Égypte) a pour but d'installer un code malveillant dans le smartphone, qui va frauduleusement souscrire à plusieurs services numériques fictifs à l'insu de l'utilisateur, de façon à consommer et épuiser son crédit (dans un contexte ou le paiement mobile est le principal moyen pour accéder aux services en ligne !).

Au demeurant, l'implantation des logiciels espions et autres codes malveillants dans les équipements numériques à destination de l'Afrique est en réalité monnaie courante pour les grandes puissances. Là encore, même en tenant compte du biais que peut avoir l'entreprise Upstream pour les intérêts de son pays, il revient tout de même aux Africains de se saisir de ce type de révélations pour poser des actes forts visant à améliorer l'autonomie du continent en matière de technologie. C'est en cela que nous devons saluer l'initiative du Rwanda, qui depuis 2019 a lancé la fabrication (ou plus précisément l'assemblage) des smartphones de marque Mara X et Mara Z, les premiers « Made in Africa ». C'est vrai qu'il reste beaucoup à faire pour maîtriser toute la chaîne de production d'un smartphone (transformation des matières premières, fabrication des composants, etc.) et avoir une autonomie relative en la matière, mais cette démarche, cette intention, cette volonté sont déjà largement à encourager.

Cyberguerre et cyberdéfense : ingérence politique et souveraineté

Alors que le monde de la cybercriminalité est de plus en plus surveillé, enquêté et exploité, les États eux-mêmes se livrent à des pratiques odieuses, portant atteinte, bien

[1] Entreprise britannique de sécurité des mobiles.

souvent, à l'intégrité des autres. Entre ingérence politique et intimidation, le processus politique ou économique de cyberguerre postule un déséquilibre des forces. Le plus alarmant dans ce jeu d'influences, c'est la hiérarchie verticale dans les relations internationales.

Il s'agit au départ d'une simple impression, mais de plus en plus, aujourd'hui, il est clair que la *jungle diplomatique* est plus qu'une image. Les États forts se font la guerre et les pays sous-développés en paient les frais. La course à l'armement traduit les envies de contrôler davantage les territoires poreux, les sous-sols inexploités, au détriment de la volonté des propriétaires, qui n'ont guère intérêt à laisser se désagréger les relations qui les lient aux grandes puissances. Le comble, c'est de voir avec quel acharnement certaines puissances imposent aux tiers, aux États sous-développés, des mesures non seulement unilatérales qui ne profitent point à leur économie, à leur souveraineté ; au contraire, tout acte d'ingérence politique ou économique démontre la puissance de celui qui l'exécute.

Les cas de la Libye, de l'Irak, de l'Ukraine, etc. démontrent à suffisance comment la souveraineté d'un État peut s'étioler face à une superpuissance qui contrôle son économie, ses gouvernants et, quelquefois, sa monnaie. Si la rivalité entre la Chine et les USA se traduit en intelligence économique et que l'économie européenne résiste aux pressions technologiques américaines, il y a lieu de croire que le jeu d'équilibration des forces existe dans les relations entre grandes puissances. Or les pays sous-développés, manquant de ressources techniques, matérielles et financières ne peuvent que plier l'échine quand leurs intérêts sont menacés. C'est le lieu d'interpeller les dirigeants de ces pays, ceux d'Afrique en particulier, pour la protection de leur territoire, de leurs acquis et de leurs métadonnées.

Au regard de la complexité et de l'intensité de ces nouvelles cybermenaces, il revient donc aux pays africains d'élaborer leur propre stratégie et de développer les capacités de cyberdéfense pouvant y faire face, afin de maintenir une coopération sereine, équilibrée, mais surtout souveraine aussi bien avec la Chine, les États-Unis, la Russie, Israël, qu'avec toutes les autres puissances présentes sur l'échiquier.

Ce n'est qu'en adoptant une telle démarche qu'il apparaîtra évident à nos États de toujours inspecter les dispositifs de communication installés dans les bâtiments « reçus en cadeau », de ne jamais installer des solutions technologiques étrangères (matériel et logiciel) dans des infrastructures sensibles sans une homologation préalable par nos propres experts, de promouvoir l'émergence d'une industrie africaine de cybersécurité et de cyberdéfense, de revoir les programmes de formation des ingénieurs, etc.

Dans un contexte d'espionnage massif comme celui décrit dans ce chapitre, à l'ère de l'économie de l'information et de la connaissance, les pays africains resteront-ils indéfiniment spectateurs d'un match qui se joue pourtant à domicile ? Si leurs dirigeants ne prennent pas des résolutions très fortes et très vite face à de tels moyens de renseignement déployés contre eux (tels que ceux examinés dans le précédent paragraphe), comment peuvent-ils prétendre à une négociation politique ou économique équitable avec le reste du monde ?

Ainsi, les autres nations ont engagé tous les moyens techniques, humains, financiers, etc. pour garder plusieurs longueurs d'avance sur presque tous les secteurs (notamment militaire, politique et économique), et manœuvrent activement pour préserver cet avantage. Pendant que la plupart d'entre elles (qui sont à la fois cibles et commanditaires de cyberattaques) développent des capacités offensives et défensives, seule l'Afrique semble être une cible mal protégée et inconsciente de l'ampleur des agressions qu'elle subit déjà et du danger qui la guette toujours.

VI – Conséquences de la cybervulnérabilité de l'Afrique

Cyberespionnage massif, mise sur écoute et surveillance de nos leaders (politiques, économiques, militaires), sabotage de nos infrastructures technologiques, manipulation de l'information, encerclement cognitif et mental, propagande et influence des populations (à travers les réseaux sociaux), voilà autant de menaces auxquelles nous sommes quotidiennement exposés, et que nous continuons de subir naïvement. Bien souvent, le seul chantier des États africains dans ce domaine est la lutte contre la cybercriminalité, qui, bien qu'ayant un impact non négligeable, est très loin d'être l'enjeu le plus important de l'heure. Tant que les réseaux et infrastructures de nos institutions (siège de l'Union africaine, différentes présidences, etc.) seront équipés de matériels que nous ne fabriquons pas et de logiciels que nous n'avons pas développés, nous resterons à la merci des puissances impérialistes qui continueront de s'en servir pour préserver leurs intérêts sur le continent.

En toute rigueur, on ne peut pas installer les équipements chinois (Huawei) et américain (Cisco, Juniper, etc.) au cœur des réseaux de nos opérateurs et de nos institutions, puis héberger nos données aux États-Unis ou en France (chez les opérateurs tels que Microsoft, Amazon, OVH, etc.), utiliser les services de messagerie américains (Yahoo, Gmail, etc.), téléphoner avec un opérateur français (Orange), faire des « live » sur Facebook puis les publier sur YouTube avec nos smartphones coréens, chinois ou américains (Samsung,

Huawei, iPhone, etc.), et espérer avoir une quelconque autonomie stratégique dans la lutte.

Edward Snowden, ex-agent de la CIA et de la NSA, nous a pourtant prévenus avec une documentation exhaustive : ils sont au courant de tout, surveillent tout, interceptent tout ce qu'ils peuvent, et ce de plus en plus aisément avec des technologies telles que l'intelligence artificielle, le *big data*, etc., ce qui rend d'autant plus facile l'organisation de notre désorganisation, afin que jamais nous ne soyons unis. Le chercheur américain Jaron Lanier l'illustre bien dans son ouvrage intitulé *You're not a gadget*, dans lequel il critique les réseaux sociaux qu'il qualifie « d'agences d'espionnage privatisées » n'ayant plus aucun intérêt à protéger la vie privée des utilisateurs. La sociologue américaine Shoshana Zuboff, qui a fait une analyse approfondie et documentée qu'elle nous propose dans son ouvrage intitulé *L'Âge du capitalisme de surveillance*[1], confirme largement cet état de fait.

Il ne fait plus mystère que plusieurs conflits armés sur le continent éprouvent l'implication de grandes puissances, lesquelles ne se gênent pas pour déployer leur capacité cyber sur le terrain (parfois imperceptible par les populations africaines). Mais pour quels intérêts combattent-elles ? Si leur appui est en direction des forces qui contestent le pouvoir en place, comment ce dernier se défend-il ? Bien souvent dépourvus dans ces cas de figure, les pays africains qui y sont confrontés font appel à d'autres puissances ayant des moyens pour les défendre. À titre d'illustration, on peut ici évoquer le cas du logiciel de cyberespionnage Pegasus[2], édité par l'entreprise

---

[1] *L'Âge du capitalisme de surveillance*, Shoshana Zuboff, Zulma, 2018.

[2] Pegasus est un logiciel espion développé par la société israélienne NSO Group, fonctionnant sur iOS ou Android. Il permet de prendre le contrôle total d'un smartphone afin de collecter toutes les informations (messages,

israélienne NSO Group, et qui d'après plusieurs sources[1] est utilisé par plusieurs pays africains tels que le Togo, le Maroc, etc.

Les seules activités de cyberdéfense menées sur le continent au nom des Africains sont donc sous-traitées à des cyberpuissances (Chine, Israël, Russie, etc.) qui elles-mêmes jouent leurs propres intérêts. Les moyens de compensation promis aussi bien par les pouvoirs en place que par les forces de contestation sont parfois les mêmes (matières premières, marchés publics, etc.). Ce sont encore là les conséquences (presque inattendues) de notre cybervulnérabilité.

N'oublions pas que plusieurs facteurs importants justifient la convoitise de ces grandes puissances sur l'Afrique aujourd'hui. Si on prend par exemple la projection en croissance démographique (2,5 milliards d'habitants d'ici 2050) combinée à la mise en place progressive de la ZLECA (Zone de libre-échange continentale africaine), l'Afrique sera de fait le premier marché communautaire du monde ! Ajoutons à cela la vision de l'initiative « Smart Africa », qui est de construire un marché numérique unique en Afrique à l'horizon 2030.

Il ne sera donc pas question que de transfert de biens et de personnes dans ce marché, mais aussi de données numériques qui constituent le nouveau pétrole de notre siècle ! Surtout quand on sait que la population du continent est essentiellement jeune, et très friande des plateformes et solutions numériques. Mieux encore, l'Afrique est largement pourvue des terres rares dont

---

mot de passe, photos, images), d'écouter les appels téléphoniques, de déclencher l'enregistrement audio ou encore la géolocalisation, etc.

[1] Joan TILOUINE, « Comment le Togo a utilisé le logiciel israélien Pegasus pour espionner des religieux catholiques et des opposants », *Le Monde Afrique*, août 2020.

l'industrie technologique a tant besoin pour se pérenniser. Vu sous cet angle, le potentiel économique et stratégique de l'Afrique est exponentiel, et on comprend que les appétits s'aiguisent à travers le monde !

Ces dernières années, on observe la création d'un commandement cyber dans la plupart des armées du monde, les budgets de plus en plus importants alloués au développement des industries numériques et des capacités cyber, le pivot stratégique de certaines puissances (comme la Chine) qui ont misé sur l'outil technologique pour maintenir leur positionnement (face aux États-Unis), voire accroître leur influence. Ce qui démontre à suffisance qu'il sera difficile pour quelque pays que ce soit de maintenir un rang de puissance au XXIe siècle sans avoir une certaine autonomie technologique. Ce contexte de compétition technologique entre puissances et la volonté d'y soumettre des pays plus faibles, pose une question de dépendance qu'il convient d'explorer, notamment dans le cas de l'Afrique.

Or pour garantir cette autonomie, il leur faut sécuriser un approvisionnement en matières premières pour la survie de l'industrie numérique (terres rares entre autres) et un marché pour continuer leur croissance (Google et Facebook ont déjà expliqué que ce n'est qu'en Afrique qu'ils peuvent encore avoir un milliard de nouveaux utilisateurs, et s'emploient à y parvenir). Voilà sur quelle base l'Afrique est devenue le nouvel eldorado de toutes ces puissances qui essayent activement de s'y positionner le mieux possible au détriment de leurs concurrents, et bien souvent des intérêts des Africains eux-mêmes.

Pour parvenir à leurs fins, ces pays vont utiliser tous les moyens à leur disposition, notamment leur capacité cyber qu'ils peuvent déployer selon les situations et l'objectif visé (espionnage, sabotage, subversion). La prolifération des APT contre les intérêts africains, dont la plupart mènent plutôt une guerre pour l'information (cyberespionnage, vol d'information), n'est donc pas une surprise. D'autant plus que le niveau global de vulnérabilité du cyberespace africain rend ces agressions plus faciles.

Reprenons le cas des rapports (Recorded Future et The Heritage Foundation) que nous avons évoqués *supra*. Dans ces deux études, les analystes américains font la démonstration qu'il existe des dispositifs de cyberespionnage massif de la Chine en Afrique. Sur le fond, les rapports sont difficilement contestables, car ils s'appuient sur des éléments techniques vérifiables. Cependant, on peut se poser la question de savoir pourquoi et dans quels intérêts ils ont été rendus publics et de surcroît à ces moments-là, quand on sait que ce type d'information est souvent classifié. Il s'agissait tout simplement d'une démarche classique de subversion visant à ternir l'image de la Chine sur le continent africain, en vue d'affaiblir sa position dans une négociation économique. Ce qui, comme on l'a vu, semble avoir fonctionné dans le cas du Kenya qui a finalement décidé de signer un accord de libre-échange avec les États-Unis au détriment de la Chine.

Chapitre V

L'Afrique et la question de la gouvernance du cyberespace

Depuis sa création dans les années 1960 par la DARPA[1], le réseau initial Arpanet a connu plusieurs étapes d'évolution de son architecture initiale pour répondre aux besoins toujours croissants de ses utilisateurs (dont le nombre dépassait les 5,2 milliards en mars 2021 selon le World Internet Users Statistics). Avec la vulgarisation progressive des technologies et protocoles qui régissent son fonctionnement (TCP/IP), cette évolution du réseau initial a débouché sur la création de plusieurs autres réseaux dans le monde, l'interconnexion entre eux (qui donna Internet), et même la création d'un espace informationnel, pour devenir ce qu'il est convenu d'appeler aujourd'hui le cyberespace.

Étant donné la place qu'occupent désormais Internet et le cyberespace dans tous les aspects de notre vie quotidienne (économiques, sociaux, politiques, militaires, etc.), la maîtrise des évolutions techniques, normatives et

---

[1] *Defense Advanced Research Projects Agency* est une agence du département de la Défense des États-Unis chargée de la recherche et du développement des nouvelles technologies destinées à un usage militaire.

réglementaires du réseau initial constitue donc un enjeu hautement important, et même capital pour les grandes puissances. D'où la nécessité d'organiser ce qu'on appelle communément la gouvernance de l'Internet. Cette gouvernance a longtemps été conduite par le créateur du réseau (les États-Unis), à travers une série d'organes de pilotage (de droit américain) essentiellement constituée des grands acteurs et opérateurs américains du numérique (Cisco, IBM, AT & T, etc.). Ce qui, au regard des enjeux, a commencé à poser problème aux autres puissances vers la fin des années quatre-vingt-dix.

D'après la définition retenue par le groupe de travail du SMSI (Sommet mondial sur la société de l'information) tenu en 2005 en Tunisie sur le sujet :

> *La gouvernance de l'Internet est l'élaboration et l'application conjointes, par les États, le secteur privé, la société civile et les organisations internationales, dans le cadre de leurs rôles respectifs, de principes, normes, règles, procédures de prise de décision et programmes propres à façonner l'évolution et l'usage de l'Internet.*

À l'issue de ce sommet, un agenda a été arrêté avec plusieurs résolutions relatives à la gouvernance de l'Internet. Citons par exemple ces deux, qui posent bien le débat :

– art. 35 a) En ce qui concerne les questions d'intérêt général qui se rapportent à l'Internet, le pouvoir décisionnel relève de la souveraineté nationale des États, lesquels ont des droits et des responsabilités en la matière ;

– art. 38 Nous appelons au renforcement d'institutions régionales spécialisées dans la gestion des ressources Internet afin de garantir les intérêts et les droits nationaux des pays de cette région quant à la gestion de leurs propres ressources Internet, tout en assurant une coordination au niveau mondial dans ce domaine.

I – Les instances de gouvernance

Afin d'explorer la matérialisation de ces résolutions, nous proposons de distinguer deux types d'instances clés qui organisent, supervisent, animent et participent au bon fonctionnement du réseau Internet : les instances techniques (dites fonctionnelles) qui supervisent l'architecture, les protocoles, les technologies et tout autre développement technique. Les instances d'influence (dites non fonctionnelles) qui militent pour la bonne qualité et la neutralité du réseau à travers le monde, la facilitation d'accès, la création et l'animation des espaces de concertation, de discussion et de dialogue multilatéral sur la gestion des impacts d'Internet dans nos sociétés, etc. Mais surtout, nous questionnerons l'utilité et la pertinence de ces instances pour l'Afrique.

Les instances techniques de la gouvernance

Internet Architecture Board (IAB) : Créé en 1979 sous le nom de l'Internet Configuration Control Board avant d'être renommé en son nom actuel (en 1992), constitué de 13 membres ingénieurs/experts issus des géants du numérique, l'IAB est l'organe qui supervise et garantit le développement et l'évolution technique de l'Internet à long terme.

Internet Engineering Task Force (IETF) : Créé en 1986 et supervisé par l'IAB, l'IETF est un forum à compétence technique en charge de l'élaboration et de la validation des normes techniques de l'Internet. Constitué d'ingénieurs, de chercheurs et d'experts délégués par les grandes entreprises du secteur pour consolider leur influence et faire prévaloir leurs choix techniques, l'IETF, qui fonctionne sur la base du volontariat, assure la rédaction et la diffusion des Requests for Comments (dits RFC, documents publics qui régissent la normalisation du fonctionnement de l'Internet). L'Internet Engineering Steering Group (IESG) a aussi été créé par la suite pour coordonner le travail au sein de l'IETF, au regard de l'augmentation rapide de son volume d'activité.

Internet Corporation for Assigned Names and Numbers (ICANN) : Organisation à but non lucratif, l'ICANN a été créée en 1998 pour prendre en charge un certain nombre de tâches de gestion de l'Internet, notamment les missions stratégiques que sont la réglementation et l'attribution des adresses et des noms de domaine autrefois gérés par l'IANA (Internet Assigned Numbers Authority, créée par l'informaticien américain Jonathan Bruce Postel). Pour pouvoir communiquer avec une autre personne sur Internet, vous devez entrer une adresse dans votre ordinateur ou un autre appareil. Cette adresse doit être unique pour que les ordinateurs sachent où se trouver. Cette adresse est appelée « nom de domaine », dont il convient de comprendre le fonctionnement pour bien saisir le rôle de l'ICANN.

En effet, si aujourd'hui, depuis votre smartphone à Nairobi ou à Kinshasa, vous pouvez facilement utiliser Internet pour consulter le solde de votre compte sur le site de PayPal, ainsi que l'état de votre commande chez un fournisseur en Chine ou en Allemagne, c'est grâce au système de noms de domaines, le DNS. Fonctionnellement, c'est un simple annuaire : dans une colonne vous avez les numéros IP (analogues aux numéros de téléphone), dans l'autre colonne les noms des domaines correspondants, comme http ://www.larc.africa. D'un point de vue technique, il s'agit d'une base de données distribuée et mondiale, mise à jour automatiquement par les internautes eux-mêmes et presque en temps réel, dont la racine est organisée logiquement autour de 13 serveurs et répartie physiquement sur des centaines de machines à travers le monde. Toutes ces machines (bureaux d'enregistrement) coopèrent de par le monde pour former un système unique, afin que de Nairobi, vous puissiez apprendre de façon transparente pour vous (via votre navigateur web) le numéro IP (l'adresse) du site de votre fournisseur situé en Chine ou en Allemagne.

La mission de l'ICANN est de maintenir l'annuaire mondial de ces identifiants uniques (constitués d'une adresse IP reliée à un nom de domaine correspondant). Formellement sous le contrôle du Trésor américain jusqu'en 2016, cette mainmise du gouvernement américain sur le rôle important de l'ICANN (qui contrôle la majorité des serveurs racines de gestion des noms de domaine sur Internet) a fait l'objet de tensions y compris géopolitiques avec d'autres puissances, notamment la Russie et la Chine.

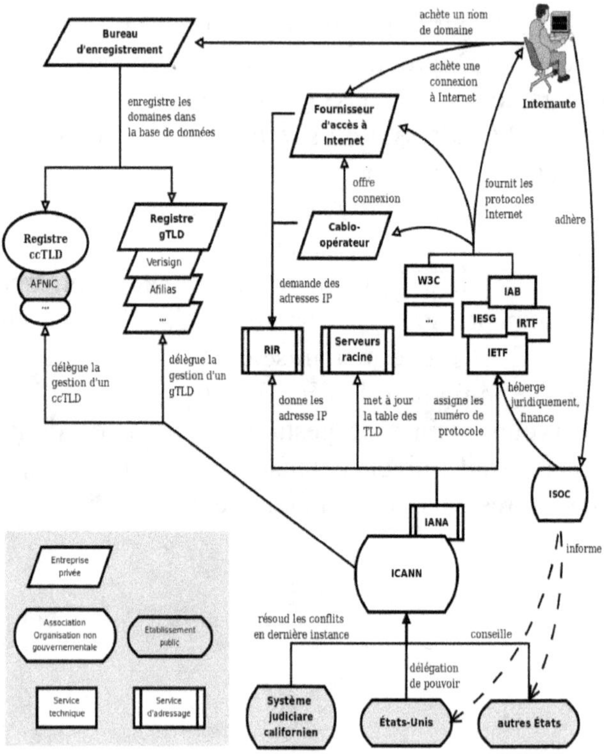

Image 11 : Interactions entre internautes et acteurs de la gouvernance d'Internet[1].

[1] Source de l'image : La gouvernance de l'Internet.

World Wide Web Consortium : Créé en 1994, le W3C, est un organisme de standardisation à but non lucratif fonctionnant comme un consortium international, avec pour but de promouvoir la compatibilité des protocoles et technologies du World Wide Web telles que HTML5, HTML, XHTML, XML, RDF, SPARQL, CSS, XSL, PNG, SVG et SOAP.

Voilà pour les instances de gouvernance à compétence technique, ayant un impact global concret sur le maintien et l'évolution de l'architecture d'Internet. Toutes créées aux USA (avec le soutien du département de la Défense à travers la DARPA) pour piloter leur invention, leur fonctionnement est organisé sous forme de comités (comité exécutif, comité de conseil, etc.) et de groupes de travail constitués d'experts qui planchent sur les questions techniques les plus pointues, et dont les recommandations dans les rapports successifs orientent le « bon fonctionnement » du réseau des réseaux.

Il n'est donc pas exagéré de dire que ces instances constituent des outils stratégiques dans le cyberespace, et que celui qui en a la maîtrise contrôle l'Internet… ce qui est très vite devenu une question hautement géopolitique quand on sait que le cyberespace est désormais un réel milieu stratégique, espace de conflits et de confrontations entre puissances numériques. Certains stratèges militaires et conseillers en sécurité du président américain suggèrent avec insistance depuis quelques années déjà la mise en place d'un « kill switch », espèce de bouton qui permettrait à tout moment d'arrêter le fonctionnement d'Internet dans le monde si la sécurité des États-Unis était en jeu.

Techniquement, plusieurs options pour y parvenir sont possibles quand on sait qu'en plus du contrôle des instances évoquées *supra*, environ 80 % du trafic internet mondial transite par les USA aussi bien physiquement (câbles sous-marins, satellites, etc.) que logiquement (routage IP, DNS, les GAFAM, etc.). L'option la plus facile serait par exemple de s'appuyer sur l'ICANN pour agir sur les serveurs DNS racines d'Internet et priver le monde de l'accès aux ressources en ligne.

Cette hypothèse a déjà été démontrée au moment des guerres contre l'Afghanistan et l'Iraq, lorsque le gouvernement américain a tout simplement fermé les domaines .af et .iq rendant de fait Internet inaccessible dans ces pays. C'est d'ailleurs ce qui a alimenté la crainte des pays tels que la Russie et la Chine (rejoints plus tard par le Brésil et l'Inde), et les a poussés à militer dès le début des années 2000 afin de soustraire l'ICANN du contrôle états-unien pour obtenir que cette organisation soit mise sous tutelle de l'ONU à travers son organe technique l'ITU (Union internationale des télécommunications) dont la plupart des pays du monde sont membres.

D'aucuns y ont vu une volonté de ces pays considérés comme « non démocratiques » d'exercer un contrôle sur leur « espace informationnel » (à travers le DNS) afin de restreindre la liberté d'opinion des opposants et activistes politiques. La plupart des pays occidentaux (France, Allemagne, etc.) se sont donc rangés (au nom de la liberté d'expression et de la démocratie) du côté du pays de l'Oncle Sam qui a ainsi conservé le contrôle de l'ICANN, même si depuis 2016 l'organisation n'est plus formellement gérée par le « Department of Commerce » américain. De toute façon, ces puissances ont fini par créer leurs propres serveurs racines pour éviter la dépendance totale en cas de différend avec les Américains.

Les instances d'influence de la gouvernance

Il existe d'autres instances de gouvernance, qui bien que n'ayant pas de compétence technique pouvant agir sur le réseau Internet, agissent comme organes d'influence, espaces de dialogue et de discussion sur l'usage d'Internet, sur l'élaboration des politiques, sur la facilitation de l'accès, etc. à l'échelle mondiale. Parmi ces instances, nous avons par exemple :

Internet Society (ISOC) : Créé en 1992 par certains membres de l'IETF, l'ISOC est un organisme de discussion ayant pour but d'assurer la disponibilité d'Internet pour tous. Constitué d'environ 133 organisations et 63 416 adhérents individuels dans le monde, l'Internet Society détient une influence importante dans certains débats (comme la neutralité du net, la gouvernance, etc.) avec plusieurs bureaux à l'échelle mondiale. Avec environ 18 570 membres et 54 chapitres à travers le continent, le bureau africain travaille avec les sections locales pour former des communautés d'experts à travers l'Afrique, collaborer avec les décideurs régionaux et faciliter l'accès à Internet aux communautés non desservies ou mal desservies.

Internet Governance Forum : Issu des recommandations finales de la seconde édition du Sommet mondial sur la société de l'information (SMSI) organisé par l'ONU en 2005 à Tunis, le Forum sur la Gouvernance d'Internet (FGI) est une plateforme ouverte toujours organisée par les Nations unies dans la continuité du SMSI, et dont la première édition a eu lieu en 2006. Cette plateforme, qui a pour principal objectif de faciliter la discussion sur les politiques publiques applicables à Internet, tient régulièrement des forums à l'échelle mondiale et encourage des initiatives régionales et locales. Si le SMSI était le tout premier espace d'échange entre pays portant explicitement sur la gouvernance de l'Internet, le FGI est désormais la plateforme actuellement la plus active en la matière.

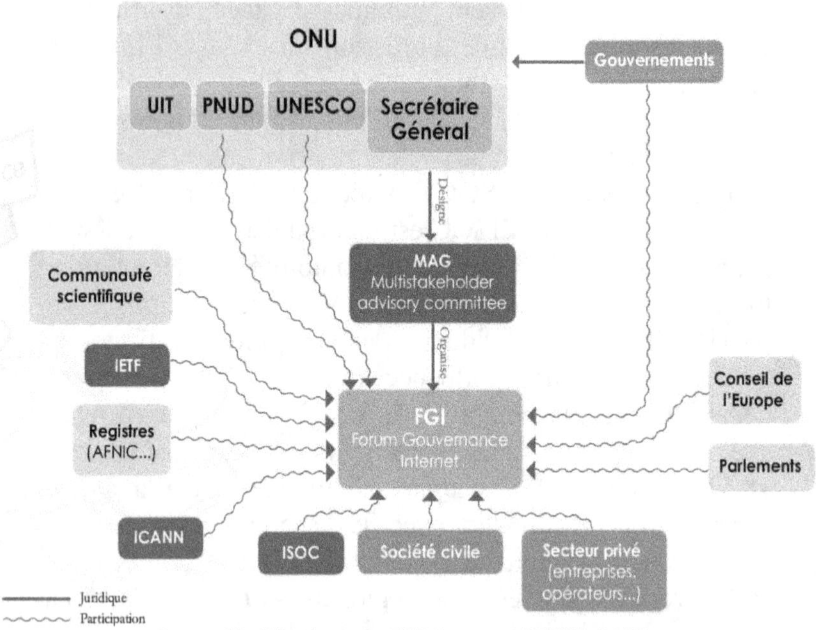

Image 12 : L'univers du FGI (source : AFNIC, 2008).

Afin d'assurer l'exécution de leur politique et l'implémentation des résolutions prises dans les comités techniques et discutées lors des forums internationaux, ces instances ont installé des démembrements dans toutes les régions du monde. L'Afrique compte ainsi son lot d'organisations dites de gouvernance de l'Internet, dont nous constaterons la désuétude et l'impossible efficacité dans ce contexte. Il s'agit notamment des organisations que nous avons examinées dans un précédent paragraphe (cf. Chapitre II, S3 : Institutions de gouvernance), parmi lesquelles : AFRINIC (African Network Information

Centre), AfTLD (African Top Level Domain), AfPIF (AfricanPeering and Interconnection Forum), AfNOG (African Network Operators Group), AfGWG (African Government Working Group), AfREN (African Research and Education Network), Af-IGF (African Internet Governance Forum).

Rôle des pionniers de l'Internet en Afrique : l'exemple du Dr Nii Narku Quaynor

L'arrivée du réseau Internet en Afrique est l'effort conjugué de plusieurs acteurs, qui depuis la fin des années quatre-vingt se sont battus chacun à leur niveau afin que de plus en plus d'Africains soient connectés. Lors de la dernière journée du sommet africain de l'Internet qui s'est tenu en juin 2016 au Botswana, quelques-uns parmi ces acteurs ont animé un atelier qui retraçait brièvement leur contribution dans cette épopée. Au cours de cet échange, ils réussissaient encore à insuffler l'enthousiasme et la détermination qui avaient permis de connecter le continent ! Le Béninois Paul Dandinou qui était présent l'exprime en ces termes :

> *C'était un acte de dévouement pour la plupart d'entre nous. Notre vision était que l'Afrique devait être comme tout autre continent : connectée à Internet et dotée d'institutions en place.*

Ce dernier fait partie des pionniers du développement de l'Internet en Afrique dont l'action peut être considérée comme historique au niveau continental. En plus de lui, on peut citer Tarek Kamel (considéré comme le père d'Internet en Égypte), Nancy Jane Hafkin (Sud-Africaine, c'est l'une des premières femmes à entrer de plain-pied dans le domaine des communications électroniques en Afrique), le Burkinabé Pierre Ouedraogo (pilier des projets de la Francophonie en Afrique en matière de numérique), etc.

Toutefois, explorons ici le portrait du Dr Nii Narku Quaynor, précurseur parmi les précurseurs, dont l'action et l'impact global surpassent tout autre dans cette aventure. Né en 1949 d'une famille modeste à Accra au Ghana, c'est un ingénieur et un scientifique de haut niveau qui a joué un rôle majeur dans l'introduction et le développement d'Internet à travers l'Afrique.

À la fin de son parcours primaire et secondaire (dans les écoles Kinbu, Adisadel College et Achimota au Ghana) au cours duquel son génie scientifique se révélait déjà, il quitte le Ghana en 1966 à la suite du coup d'État contre le gouvernement du président panafricaniste Kwame Nkrumah pour les États-Unis afin de poursuivre ses études.

C'est ainsi qu'en 1972, le Dr Quaynor obtient son diplôme d'ingénieur en sciences au Dartmouth College, puis en 1973 un Bachelor of Engineering au Thayer School of Engineering. Il a ensuite étudié l'informatique, obtenant ainsi en 1974 un MS (Master of Science) de l'université d'État de New York, couronné par un doctorat en informatique dans le même établissement en 1977.

Dès la fin de ses études, il est engagé par l'entreprise Digital Equipment corporation dans laquelle il travaillera jusqu'en 1992 avant son retour définitif au Ghana. Mais ce digne fils du continent nourrissait déjà l'ambition d'apporter sa contribution dans le développement des sciences informatiques en Afrique, en commençant par les fondamentaux. Dans un entretien accordé au magazine *New African* en 2014, il dit lui-même en ces termes :

> *Pendant mon séjour à Dartmouth, nous avons été consternés lorsqu'un scientifique de renom, Walter Hermann Schottky, a donné une conférence et que des étudiants ont protesté contre ses déclarations sur la race et les capacités intellectuelles. Cet incident nous a rappelé*

dans la diaspora que seuls les Africains pouvaient libérer et développer l'Afrique. Ce seul fait m'a incité à vouloir aider mes concitoyens dans mon domaine de compétence. Cela a suscité en moi le désir et le dévouement de lutter pour acquérir les connaissances nécessaires à la libération et au développement de l'Afrique.

C'est pourquoi en tant que membre du Conseil de l'Université du Ghana, il participe dès 1979 (alors qu'il travaillait encore aux USA) à la conception et la création du département informatique de l'université de Cape Coast au Ghana, où il est enseignant-chercheur encore aujourd'hui.

Depuis son retour définitif sur le continent, le Dr Quaynor a initié une série d'activités visant à connecter l'Afrique et les Africains à Internet. Il commence par créer l'entreprise Network Computer Systems (NCS) en 1994, le tout premier fournisseur de services Internet au Ghana et en Afrique de l'Ouest. Sa vision et son action le conduisent à devenir le premier Africain élu au « board » de l'ICANN, où il a tenté, en tant que directeur pour la zone Afrique de 2000 à 2003, de porter la voix de l'Afrique sur l'organisation de la gouvernance mondiale d'Internet qui n'en était qu'au début.

C'est donc pendant et suite à cette expérience que notre pionnier participe à la conception et à la mise en place des plus importantes organisations africaines de gouvernance de l'Internet, dont nous avons parlé précédemment. Travailleur passionné, il est ainsi le premier président fondateur de l'AFRINIC (2004), directeur général de l'AfLD (2002), ainsi que co-fondateur et directeur général de l'AfNOG. Toujours fidèle à sa vision – de porter la voix de l'Afrique –, on retrouve le Dr Quaynor comme président de l'ISOC (Internet Society) Ghana, membre du groupe consultatif des technologies de l'information et de la communication pour le compte des

Nations unies, membre du conseil d'administration de l'ITU (Union internationale des télécommunications), ancien président du groupe de travail Internet de l'Union africaine, etc.

En 2007, il a reçu le très prestigieux Jonathan Postel Service Award de l'IETF pour l'ensemble de son œuvre en tant que pionnier dans l'expansion d'Internet en Afrique. Le 26 juin 2013, il a également été sélectionné pour être intronisé au très célèbre Temple de la renommée de l'Internet (Internet Hall of Fame) par l'ISOC. Il s'est également vu décerner le prix Ethos ICANN Multistakeholder par Cheryl Langdon Orr en 2015. Du haut de ses 70 ans, cet infatigable entrepreneur est, depuis 2007, président fondateur de l'entreprise Ghana Dot Com, où il continue d'œuvrer pour améliorer le taux de pénétration d'un Internet de qualité sur son continent.

Sur les 30 dernières années, le Dr Nii Narku Quaynor est peut-être l'homme le plus influent, mais certainement un acteur majeur de l'histoire du réseau Internet en Afrique depuis son introduction, son évolution et sa gouvernance, tel que nous le connaissons aujourd'hui. Cependant, si on lui doit toutes ces fondations indispensables mises en place avec les contraintes de son temps, le moment est peut-être venu qu'une nouvelle génération prenne le relais pour poursuivre son ambition en l'adaptant aux défis de notre époque. Jusqu'à récemment on croyait naïvement qu'Internet était conçu comme un espace de liberté et d'ouverture sur le monde, mais on sait désormais que c'est aussi un outil d'influence, de domination et de puissance. De ce fait, le rôle et les missions des organisations que le professeur a contribué à créer pour l'Afrique doivent évoluer.

La nécessité de réformer en profondeur…

En réalité, toutes ces organisations africaines sont malheureusement des caisses de résonance des instances (techniques et d'influence) évoquées *supra*, qui elles, ont concrètement la maîtrise de la gouvernance et l'exercent au service des intérêts économiques, idéologiques et stratégiques des USA (Shawn M. Powers et Michael Jablonski le démontrent largement dans leur livre[1]). Même les organisations considérées comme les plus sérieuses telles que l'AFRINIC et l'AfTLD, ne font qu'implémenter la politique et les standards déjà décidés au niveau de l'ICANN.

Le plus dérangeant est que presque vingt ans après leur création, ces organisations africaines ne semblent pas avoir pris toute la mesure des enjeux stratégiques et géopolitiques que représentent désormais leurs activités. En tout cas, c'est ce qui transparaît quand on observe leurs ambitions (ou plutôt leur manque d'ambitions) affichées. Par exemple, l'AFRINIC a pour vision officielle de :

> *[…] servir la communauté africaine à travers une gestion efficace et professionnelle des ressources Internet (adresses IP et ASN) et promouvoir l'utilisation des technologies ainsi que la gouvernance de l'Internet basé sur des principes participatifs et multisectoriels[2].*

Si cette vision était suffisante en 2004, elle ne l'est clairement plus au regard de la configuration actuelle.

Pour toutes ces organisations, il est donc question de bien exécuter un modèle de fonctionnement et de gouvernance de l'Internet conçu ailleurs, tandis qu'à

---

[1] Shawn M. Powers & Michael Jablonski, *The Real Cyber War. The Political Economy of Internet Freedom*, University of Illinois Press, 2015.

[2] Cf. Histoire de la création de l'AFRINIC.

aucun moment elles n'affichent l'ambition de concevoir des modèles et solutions technologiques propres à l'Afrique lui permettant de progressivement devenir indépendante des instances tutélaires du Net. Pour ne citer que le cas du DNS, il aurait été intéressant par exemple de voir un projet de création d'un serveur racine de DNS africain, qui permettrait, entre autres, de créer des noms des domaines en une langue négro-africaine, ce qui n'est pas faisable de nos jours dans le cadre de la politique de l'ICANN. Cela aurait le triple avantage de mieux promouvoir les contenus locaux, de favoriser l'accès aux citoyens africains des zones rurales qui ne maîtrisent pas les langues issues de la colonisation, et d'assurer une autonomie en matière de DNS pour échapper à l'emprise occidentale au moins sur cet élément technique. C'est exactement ce qu'ont fait la Chine et la Russie, parmi les rares nations qui aujourd'hui ont une certaine souveraineté numérique. Ce qui leur permet d'avoir des sites web totalement créés en langue propre (du nom de domaine au contenu), et ainsi de moins subir le contrôle insidieux de leur rival historique.

Quand on observe la composition (même sur plusieurs années) des comités exécutifs, groupes de travail et autres groupes d'experts au sein de toutes les organisations techniques évoquées ci-dessus (IAB, IETF, ICANN, W3), à l'exception du Dr Quaynor qui a un parcours unique (d'ailleurs plus présent dans les instances d'influence), on y retrouve très peu d'Africains à des postes clefs ! Quand bien même il y en aurait quelques-uns, ils y sont en leur nom propre en tant qu'experts et non pas dans le cadre d'une stratégie ou d'une politique continentale de gouvernance. Autrement dit, l'Afrique n'est pas présente là où se décide l'évolution technique d'Internet qui impacte concrètement sur la géopolitique du cyberespace.

Perspectives : Que pouvons-nous faire ?

Avec environ 594 millions d'utilisateurs d'Internet (ce qui représente environ 11,5 % des utilisateurs dans le monde en mars 2021 selon le World Internet UsersStatistics), au regard des enjeux et du contexte actuel ponctué par l'accroissement des conflits entre différents acteurs dans le cyberespace, l'Afrique devrait clairement avoir son mot à dire et peser effectivement sur la gouvernance globale de l'Internet afin de défendre ses intérêts. Car comme nous le rappellent Shawn Powers et Michael Jablonski (dans leur livre cité *supra*) :

> *Les politiques d'internet et de gouvernance sont devenues les hauts lieux d'une compétition géopolitique entre grands acteurs internationaux et dont le résultat façonnera l'action publique, la diplomatie, et les conflits du XXIe siècle.*

Ainsi, face à chaque question structurelle sur l'avenir du réseau Internet qui se pose au niveau international, nous devrions être en mesure de prendre position (de façon collégiale), d'apporter notre propre voix au débat en tant que continent avec des propositions fortes et pertinentes pouvant influencer les discussions à notre avantage.

C'est d'ailleurs de la même intention qu'étaient animés les participants à la conférence africaine sur la gouvernance de l'Internet tenue en Algérie en 2017, qui d'après les organisateurs avait pour objectif de :

> *[...] rapprocher les visions et stratégies des pays africains, et d'unifier leur position par rapport à la problématique de la gouvernance de l'Internet afin que les pays africains arrivent à s'approprier un usage de l'Internet adapté.*

Mais cela demande un travail de fond en amont qu'il serait urgent de commencer, notamment au niveau de l'enseignement et de la recherche. À notre avis, l'Afrique (plus précisément l'Union africaine et ses États membres) peut envisager deux hypothèses stratégiques face à cette situation.

– Conserver la démarche d'adoption et d'intégration du modèle dominant actuel et développer une stratégie de cyberdiplomatie active permettant d'organiser et de déployer des délégués/représentants dans toutes ces instances de gouvernance sans exception (notamment IAB, IETF (+ IESC), ICANN, W3C, ISOC, ITU), afin à terme d'être présents partout où l'avenir du cyberespace se décide (aussi bien sur les plans techniques, normatifs, que juridiques) pour mieux défendre nos intérêts. À l'analyse, c'est cette hypothèse qui transparaît actuellement dans les différentes initiatives africaines en matière de gouvernance de l'Internet (politiques, projets, associations, forum, etc.). Malheureusement, à la lumière du poids (quasi inexistant) de l'Afrique en la matière au niveau mondial, on peut constater l'inefficacité de cette démarche.

– La seconde hypothèse est de concevoir un modèle propre et autoréférentiel de mise en place, d'organisation et de gouvernance du cyberespace africain intégrant une passerelle de collaboration avec le reste du monde. Cela demande la refondation totale de la vision et du rôle de toutes nos organisations de gouvernance existantes, pour en faire, comme les autres pays, des outils de conquêtes dans un environnement de plus en plus conflictogène où s'expriment des rapports de force. Cette hypothèse, bien que plus difficile à mettre en œuvre, nous semble la plus indiquée pour défendre durablement les intérêts de l'Afrique dans le cyberespace.

Dans le second cas de figure, il faudra nécessairement passer par quelques actions prioritaires, notamment :

– La définition d'une vision globale et stratégique de l'usage d'Internet et de l'aménagement du cyberespace en Afrique adossée sur notre propre paradigme, nos valeurs, mais surtout sur un modèle d'innovation technologique endogène. C'est ce que nous convenons désormais d'appeler la cyberstratégie africaine, entendue comme la conception et la mise en application d'une pensée stratégique sur le cyberespace à partir d'une perspective africaine.

– La mise en place d'une politique de formation, de recherche et développement qui constitue le socle de cette démarche, car à ce stade, même si on souhaitait initier une politique de cyberdiplomatie, on manquerait probablement d'experts suffisamment pointus et aguerris pour participer à tous les comités techniques qui orientent les grandes décisions que nous adoptons/subissons au quotidien.

– L'adaptation de la politique de développement des infrastructures (avec de nouveaux investissements) pour tenir compte de ce changement d'orientation stratégique, porteur d'une nouvelle ambition. Par exemple, en plus d'un opérateur de serveur DNS racine, il faut créer au moins un opérateur internet « Tiers 1 » afin d'être présent au cœur du dispositif technique d'acheminement des informations sur Internet, car nous n'y sommes pas aujourd'hui.

II – Évolutions du droit dans le cyberespace et enjeux juridiques pour l'Afrique

Ces dernières années, il n'est pas rare d'entendre parler de cyberdroit ou de droit du cyberespace en Afrique. Certains juristes et universitaires[1] du continent ont d'ailleurs écrit et travaillé sur le sujet. De plus, ces dernières années, on voit émerger dans plusieurs universités et grandes écoles des masters en droit du cyberespace africain ou encore en droit du numérique en Afrique (cas de l'université Gaston-Berger de Saint-Louis au Sénégal).

Au niveau des États africains et organisations régionales ou continentales les regroupant, on assiste là aussi à une mise à jour un peu poussive, mais progressive du cadre législatif et réglementaire pour prendre en compte les évolutions du numérique et s'arrimer à la société de l'information. Selon l'Indice mondial de cybersécurité[2] (rapport de 2018), plusieurs pays mettent en place un ensemble de lois sur la cybersécurité et la lutte contre la cybercriminalité, la protection des données personnelles et la protection de l'enfance en ligne, l'encadrement du commerce en ligne, etc. La convention de l'Union africaine en la matière[3], adoptée à Malabo en

---

[1] À l'instar du Congolais Kodjo Ndukuma Adjayi qui est auteur du livre *Cyberdroit, Télécoms, Internet, e-commerce : une contribution au droit congolais* (2009), du Sénégalais Pape Fodé Dramé, spécialiste en droit du numérique et coauteur de l'ouvrage *Impact du RGPD sur la protection des données en Afrique* (2021), du professeur Abdoulaye Sakho, etc.

[2] Le GCI (*Global Cybersecurity Index*) est un baromètre de l'Union internationale des télécommunications (UIT), qui évalue régulièrement les avancements dans la mise en place des dispositifs de cybersécurité par chaque pays.

[3] Convention de l'Union africaine sur la cybersécurité et la protection des données à caractère personnel, adoptée à Malabo en 2014.

2014, marque aussi une étape importante dans cette démarche (même si elle n'est pas encore signée et ratifiée par la plupart des États).

Cependant, à l'analyse, cette question du droit relatif au cyberespace est traitée de façon partielle et incomplète aussi bien par nos universitaires, dans les programmes d'enseignement, que par le gouvernement lui-même, et ce, à notre avis, pour une raison très précise : c'est qu'en Afrique, nous n'avons mené aucune étude rigoureuse sur le cyberespace, entendu ici comme objet scientifique en soi. Nous focalisons complètement notre attention sur l'étude, la compréhension et la tentative de régulation des technologies numériques et de leurs usages. Et ce faisant, nous ne considérons pas le cyberespace dans sa globalité et dans toute sa complexité, créant ainsi des angles morts dans le raisonnement qui nous empêchent d'appréhender tous les enjeux et par conséquent toutes les implications du droit.

Ainsi, les notions de souveraineté numérique, de conflictualité et rapports de force dans le cyberespace, de territorialité et de frontière, de représentation symbolique et idéologique, etc. ne font malheureusement pas partie de notre grille de lecture lorsque nous abordons cette question. Pourtant, sous cet angle, on pourrait aisément deviner les implications juridiques et stratégiques qui en découlent. Ce manque de rigueur dans le traitement des questions relatives au cyberespace a de notre point de vue d'énormes conséquences, dont on ne commencera à mesurer l'étendue qu'une fois qu'on s'y mettra vraiment.

À la différence du reste du monde, l'Afrique ne considère pas encore le cyberespace comme un « milieu stratégique » au même titre que le ciel, l'air, la mer et l'espace extra-atmosphérique, avec toutes les considérations que cela suppose. La particularité de ce nouveau milieu est qu'il est anthropogène (créée de toutes pièces par l'Homme), alors même que les autres sont des milieux naturels, et donc fondamentalement soumis aux lois de la nature. Le fonctionnement du cyberespace n'est donc régi que par des lois de son créateur, l'Homme. Ce qui pose plusieurs problèmes ! Par exemple, qui exactement a créé les lois actuelles ? Comment se déclinent-elles concrètement ? Comment évoluent-elles ? Qui décide quand elles doivent évoluer ? Peut-on définir en droit les frontières du cyberespace dans lesquelles un État peut exercer sa souveraineté ? Autant de questions qu'à défaut d'avoir trouvé les réponses, les Africains ne se posent même pas !

La production des normes technologiques (évolution de l'architecture du réseau, protocoles de communication, etc.), la gouvernance mondiale de l'Internet, l'adaptation et l'application du droit international humanitaire au cyberespace, la classification et la régulation internationale des cyberarmes, les conditions générales d'utilisation des applications et des algorithmes, voilà autant de questions auxquelles de nouvelles filières comme l'intelligence juridique[1] ou encore le droit du numérique tentent d'apporter des réponses, en s'appuyant sur le paradigme occidental, donc au service de ses intérêts.

---

[1] « L'Intelligence juridique est définie, à partir de la définition proposée par le professeur Bertrand Warusfel, comme l'ensemble des méthodes, des moyens et des techniques permettant à un acteur — privé ou public — de connaître l'environnement juridique dont il est tributaire pour l'intégrer dans sa stratégie, d'en identifier et d'en anticiper les opportunités et les risques, d'agir sur son évolution et de disposer des informations nécessaires pour pouvoir mettre en œuvre les instruments juridiques et les solutions opérationnelles aptes à réaliser ses objectifs stratégiques et à se préserver. » (Véronique Chapuis)

De même, l'irruption des technologies numériques dans la pratique du droit (LegalTech[1]) est en train de produire tout un écosystème, avec de plus en plus de startups qui conçoivent des algorithmes agissant comme assistant/aide juridique, et même permettant l'automatisation de certaines procédures grâce à l'intelligence artificielle (au point où commencent à émerger des notions telles que le « droit prédictif »).

Le RGPD (Règlement général pour la protection des données) en Europe, le Cloud Act[2] des États-Unis, ou encore le *Manuel de Tallinn*[3] sont des exemples éloquents qui renseignent sur la puissance du droit dans le cyberespace au service de divers intérêts des États (économiques, géopolitique, social, etc.). Ce sont des dispositifs qui font émerger la notion « d'extraterritorialité du droit » dans le cyberespace, avec des modes opératoires différents, créant de fait des rapports de force entre puissances.

En effet, pendant que le Cloud Act s'inscrit dans une logique de conquête (imposé aux acteurs par la puissance américaine), le RGDP est plutôt présenté et perçu comme un outil de protection. C'est une approche qui rend cette réglementation européenne attractive au point d'être copiée par plusieurs pays en dehors de l'Europe, y compris par environ 25 pays africains. Le travail d'encerclement cognitif autour de ce règlement a été si efficace qu'il

---

[1] *LegalTech* est une expression issue de l'union entre « Legal » et « Technology ». D'après l'observatoire français des *LegalTech*, elle définit une entreprise proposant des services juridiques à l'aide des nouvelles technologies.

[2] Le Clarifying Lawful Overseas Use of Data Act ou CLOUD Act (H. R. 4943) est une loi fédérale des États-Unis adoptée en 2018 sur la surveillance des données personnelles, notamment dans le Cloud.

[3] Le *Manuel de Tallinn* est un guide rédigé par un groupe d'experts mandatés par l'OTAN, qui propose une transposition du droit international aux cyberconflits.

devient même suspect pour un pays de ne pas avoir une loi similaire. On est quand même fondés à se poser la question si c'est ce dont nous avons besoin dans le contexte africain, quand on sait que les données représentent la matière première de l'économie du XXIe siècle, et qu'un règlement qui tend à limiter la collecte et l'exploitation de ces données peut avoir un impact plutôt négatif sur la croissance qu'on est en droit d'attendre de l'économie numérique en Afrique. C'est un sujet à examiner de près.

Les évolutions du droit international dans le cyberespace

Dans une étude[1] de 2019 portant sur les grandes tendances d'évolution du droit international dans le cyberespace, les experts en droit du centre de recherche en cyberdéfense[2] de l'OTAN qui l'ont menée répertorient et examinent les sept dernières tendances en la matière, et envisagent leurs évolutions au cours des prochaines années.

Pour résumer, dans une démarche prospective, cette étude prévoit des évolutions importantes quant à l'application du droit et des normes juridiques dans le cyberespace dans un horizon de cinq ans. D'après les auteurs, la tendance est à la clarification et à l'acceptabilité progressive par les États de la manière dont le droit international va s'appliquer dans le cyberespace (même s'ils ne prévoient pas un traité mondial avec des normes contraignantes à l'horizon choisi). La tendance est également à la montée en puissance de certaines

---

[1] *Trends in international law for cyberspace*, CCDCOE, 2019.

[2] CCDCOE : *Cooperative Cyber Defence Centre of Excellence*, affilié à l'OTAN.

technologies qu'il faudra réguler (intelligence artificielle, réalité augmentée, Internet des objets, etc.).

De plus, l'opposition entre deux modèles conceptuels (cybersécurité vs sécurité de l'information) se poursuivra vraisemblablement, car les pays tels que la Russie, la Chine ou encore l'Iran vont continuer à considérer « l'espace informationnel » comme un moyen d'exercer un contrôle sur l'usage et le contenu, alors que les démocraties occidentales se concentrent sur la sécurité technique et le libre exercice des droits fondamentaux en ligne de la même manière que hors ligne.

Les conséquences sont, d'après l'étude, qu'on aura de plus en plus de cyberopérations parrainées par les États, une évolution dans les réponses des États face à ces cyberopérations jugées hostiles, une tendance à la balkanisation du cyberespace par les États qui souhaitent en contrôler leur petit bout sur lequel transposer et exercer leur souveraineté, etc. Vous l'aurez compris, les chantiers du droit et des normes juridiques dans le cyberespace sont nombreux et le resteront pour les années à venir. De plus, les centres de recherches dans la plupart des pays sont à pied d'œuvre pour être les architectes des évolutions à venir (ou au moins, les influencer).

Leçons et enjeux pour l'Afrique

Du propre aveu des auteurs de cette étude, il ne s'agit pas d'un catalogue complet des tendances, et les thèmes traités ne sont pas présentés dans un ordre particulier. Cependant, ces derniers ont fait une mise en garde qu'il me semble pertinent de relever ici :

> *[...] bien que nous ayons déployé tous les efforts possibles pour décrire les évolutions juridiques pertinentes au niveau mondial, disent-ils, nous reconnaissons que la liste découle d'une perspective géopolitique euroatlantique*

et que la division entre évolutions politiques et tendances du droit n'est pas toujours nette.

Cette précision est tout à fait fondamentale si nous souhaitons engager une réflexion sur le regard et la contribution africaine en matière de droit du cyberespace, car elle rappelle le caractère engagé du droit qui aujourd'hui se met au service des intérêts idéologiques, économiques, et même géopolitiques. La Chine et la Russie, par exemple, qui militent au niveau international pour que chaque pays puisse appliquer des restrictions de liberté dans son espace informationnel si nécessaire, ont réussi par ailleurs à bloquer en 2017 le projet d'un groupe d'experts gouvernementaux de l'ONU, qui portait sur la transposition du droit international humanitaire dans le cyberespace. D'après ces deux cyberpuissances, cela aurait conduit à perpétuer l'hégémonie de la culture occidentale du droit dans l'univers numérique (ce qui est déjà le cas aujourd'hui avec la prédominance états-unienne). Et l'Afrique dans tout ça ?

À la lumière de ces enjeux hautement stratégiques et des implications juridiques évidentes, nous invitons les experts africains du droit à se pencher sérieusement sur le sujet, en ouvrant une réflexion et un champ de recherche sur *les fondements d'une théorie africaine du droit dans le cyberespace* ainsi que sur l'usage des technologies numériques dans la pratique du droit en Afrique. Car comme le montre l'étude ci-dessus, la bataille juridique pour le contrôle de l'espace cybernétique bat son plein en ce moment même, et chaque puissance essaye de manier avec habileté sa propre conception du droit pour améliorer son positionnement. À l'heure actuelle, les pays africains sont malheureusement absents de ce champ de bataille alors même que l'étude susmentionnée laisse transparaître à quel point le droit est un instrument majeur dans la définition d'une souveraineté numérique, et que les tendances indiquent que le champ est encore ouvert pour proposer de nouvelle façon d'approcher cette question.

À l'heure actuelle, l'Afrique est sur ce sujet aussi à la remorque des puissances occidentales, dont les normes juridiques (droit continental et *common law*) sont de toute façon dominantes sur le continent. Les Africains devront donc être en mesure de formuler leurs propres réponses aux questions que nous venons d'explorer. N'existe-t-il pas des sources africaines de droit à partir desquelles nous pouvons articuler nos propres normes et règlements qui traduisent notre vision du monde dans le cyberespace ? Des livres tels que *Les Origines égyptiennes du droit civil romain* d'Eugène Revillout [2013] ou encore *La théorie du droit en Afrique* de Mbog Bassong [2016] par exemple ne pourraient-ils pas servir de référentiel en la matière ? Le débat sur le sujet est désormais lancé !

En attendant que les experts du continent s'en saisissent, voilà une analyse et quelques mesures qui à défaut d'être la panacée, constituent notre contribution au débat sur la place actuelle et le rôle futur de l'Afrique dans la gouvernance mondiale du cyberespace.

Chapitre VI

Un impératif pour l'Afrique : participer au système de régulation des conflits au sein du cyberespace

Nombreux sont ceux qui parlent de cybercolonisation numérique. Cependant ce qu'ils décrivent sous ce terme nous apparaît correspondre moins à un phénomène de colonisation qu'à un phénomène de conquête et de monopole sur un marché par le jeu de la compétitivité et de l'innovation des produits.

La colonisation, au sens strict du terme, se traduit par deux phénomènes d'atteinte aux attributs d'un État. D'une part une atteinte à son indépendance au sens d'une dépossession de sa personnalité juridique internationale, c'est-à-dire du droit de cet État à participer de manière autonome et libre aux relations internationales. D'autre part, une atteinte à sa souveraineté au sens d'une dépossession de sa personnalité juridique interne, c'est-à-dire du droit de cet État à exercer le monopole de la compétence territoriale et personnelle au sein de son espace politique.

La question qui se pose est celle de savoir si le concept de colonisation au sens décrit ci-dessus peut être transposé dans l'univers du cyberespace. Une telle transposition est possible à condition d'entendre la cybercolonisation comme un phénomène d'atteinte aux attributs d'un État. De ce point de vue, la cybercolonistion doit être entendue d'un double point de vue. D'une part comme un phénomène de privation pour un État de sa faculté inconditionnelle d'accéder librement (indépendance) aux infrastructures qui donnent accès au cyberespace. D'autre part comme un phénomène de privation pour un État de sa faculté d'exercer le monopole de la contrainte politique, législative et juridictionnelle (souveraineté) sur les données produites à partir de son territoire par ses ressortissants.

De ce point de vue, il nous apparaît qu'il est possible de parler de cybercolonisation si deux phénomènes sont vérifiés. D'une part, si un État est tributaire d'acteurs étrangers pour que ses ressortissants puissent accéder au cyberespace à travers des infrastructures dont la propriété appartient à ces acteurs étrangers. D'autre part, si les données générées par les activités numériques de ses ressortissants à partir de son territoire échappent totalement à son emprise

Mais il est un autre domaine où on peut également parler de cybercolonisation. C'est le cas du domaine de la régulation des conflits numériques. Si un État, à travers ses institutions et à travers ses ressortissants, ne constitue pas une pièce maîtresse du dispositif de régulation de l'espace numérique, alors il se verra imposer par d'autres les solutions applicables aux conflits numériques qui touchent ses ressortissants et ses propres intérêts d'État.

De ce point de vue il est un impératif pour les États africains de devenir dans leur ensemble une pièce maîtresse de ce dispositif de régulation de l'espace numérique. La question est donc celle de savoir si l'Afrique, à travers ses États et ses ressortissants, participe de manière impactante au dispositif de régulation des conflits numériques. Pour répondre à cette question encore faut-il connaître la configuration de ce dispositif. Ce qui ne va pas de soi.

C'est pourquoi nous allons ci-dessous présenter la configuration de ce dispositif afin de permettre aux États africains et à leurs ressortissants d'envisager les modalités les meilleures par lesquelles ils pourraient devenir des pièces majeures de ce dispositif. Nous nous appuyons pour ce faire sur un texte que nous avons publié antérieurement sur ce sujet.

I – La régulation de l'espace numérique au regard du Droit public

L'espace numérique s'est imposé comme un espace d'intérêt public. En témoigne l'arsenal législatif adopté par les législateurs de la majorité des États pour y protéger et promouvoir les intérêts légitimes des usagers en tant que citoyens, professionnels et consommateurs. Paradoxalement, en dépit du caractère transfrontière de cet espace, sa configuration actuelle nous met en présence d'un espace dont la régulation s'opère en dehors de toute autorité légitime, représentative et internationale qui en détiendrait le monopole. Cette régulation s'opère dans le cadre d'un dispositif spontané qui se présente à l'analyse comme un mécanisme d'ajustement fortuit de diverses actions, mises en œuvre par des acteurs hétérogènes qui poursuivent des intérêts propres et disposent de capacités autonomes à configurer ce nouvel espace social conformément à leurs intérêts, priorités et logiques[1], etc.

Les lacunes et dérives de ce dispositif ont engendré un imaginaire politique du numérique. Un imaginaire habité entre autres par l'idéal d'une régulation démocratique. Au sens d'une régulation multilatérale, transparente, avec la pleine participation des États, du secteur privé, de la société civile et des organismes internationaux[2]. Or un tel idéal ne va pas sans contraintes. Il implique une institutionnalisation, et partant une centralisation ou décentralisation des mécanismes de régulation de cet espace. Il soulève de ce point de vue une question fondamentale : celle de l'aptitude de cet espace à se prêter à ces contraintes. En d'autres termes, celle de la compatibilité entre la nature de cet espace et les modalités d'une régulation démocratique. Répondre à cette question exige de s'interroger sur l'hypothèse d'une corrélation éventuelle entre la nature de cet espace et les modalités démocratiques de sa régulation. Or un tel questionnement demeure jusqu'ici au pire ignoré au mieux effleuré.

Thierry Vedel a donné un premier éclairage sur cette question en se plaçant du point de vue de la science politique[3] et des critères classiques de la démocratie que sont la représentativité, la participation, l'égalité. Pour notre part, nous nous proposons d'apporter un autre éclairage sur cette question : celui du Droit public. Concrètement, nous nous interrogerons ici sur le degré de

---

[1] Lire à ce sujet José Do-Nascimento, L'Internet entre acteurs publics et acteurs privés : vers une régulation centrifuge ou centripète ? dans *La démocratie à l'épreuve de la société numérique*, décembre 2007.

[2] Cf. Rapport du WGIG (*Working Group on Internet Governance* : Groupe de travail sur la Gouvernance de l'Internet) : www.wgig.org/docs/wgigreport.pdf.

[3] Thierry Vedel : Peut-on gouverner l'Internet ? Une perspective démocratique, communication faite au Colloque Internet, nouvel espace public mondialisé, Actes du 28 novembre 2003.

correspondance entre le dispositif actuel de régulation de l'espace numérique et les modalités de dévolution et d'exercice des compétences à partir desquelles le Droit public évalue la légitimité démocratique de tout dispositif d'exercice des compétences. Il se trouve en effet que la distribution des compétences en général et des compétences de régulation en particulier s'organise dans les démocraties à partir des modèles qu'offre en la matière le Droit public.

Cette discipline propose deux modèles distincts. D'une part, un modèle classique qui se présente sous la forme d'un modèle vertical (centralisation ou décentralisation), d'autre part, un modèle récent qui se présente dans la forme d'un modèle horizontal (polycentrisme). À partir de ces deux modèles[1], il est possible de répondre à la question posée ci-dessus. Il convient pour ce faire de vérifier si le dispositif actuel de régulation de l'espace numérique correspond à l'un des deux modèles publicistes de dévolution et d'exercice des compétences et si oui, vérifier si cette correspondance relève du fortuit ou de la nécessité.

Mais avant d'examiner la question de la nature du modèle de dévolution et d'exercice des compétences auquel participe le dispositif actuel de régulation de l'espace numérique, il convient au préalable de s'interroger sur le sens que revêt la notion de compétence de régulation lorsqu'elle est appliquée à l'espace numérique.

---

[1] Sur la distinction entre le modèle vertical et horizontal de dévolution et d'exercice des compétences en droit public, lire : Chevalier (Jacques), Régulation et polycentrisme dans l'administration française, *Revue administrative*, 301, 1998 ; Chevalier (Jacques), La régulation juridique en question, *Droit et Société*, 49-2001.

L'observation des faits montre que sans attendre l'émergence d'un consensus entre les acteurs de l'espace numérique sur les modalités de sa régulation, cet espace a généré de façon spontanée son propre dispositif de régulation. Or, comme tout dispositif de régulation, celui de cet espace implique la mise en œuvre et donc l'exercice de compétences de régulation. S'agissant d'un dispositif de régulation qui porte sur un espace d'intérêt public, ces compétences ne vont pas sans soulever en droit public un certain nombre de questions. Quelle est la qualité des détenteurs de ces compétences ? Selon quelle procédure de dévolution ces compétences leur ont été attribuées? Quelle est la source des principes qui gouvernent l'exercice de ces compétences ? Quelle est la nature de ces compétences ? S'agit-il de simples compétences de fait ou sommes-nous en présence de compétences de droit ?

II – La notion de régulation de l'espace numérique

Le concept de régulation est issu des sciences physiques, de la cybernétique et de la biologie. Dans ces disciplines, ce concept désigne les procédures qui permettent le retour automatique à l'équilibre d'un système complexe qui a subi une perturbation[1]. Hors des sciences physiques, la notion de régulation présente une acception polysémique. C'est ce dont atteste son acception dans la théorie générale des systèmes[2], dans la discipline

---

[1] Michalet (C. A.), *Qu'est-ce que la mondialisation ?*, La Découverte, 2004.

[2] Au sein de cette dernière, le concept de régulation évoque en fait l'interaction entre des éléments d'un même système. Une interaction dont l'effet est de créer un processus qui neutralise de façon permanente ou récurrente l'inclination du système à l'entropie. En d'autres termes, un processus qui maintient de façon permanente ou récurrente l'équilibre néguentropique dudit système.

juridique en général[1], dans le droit économique en particulier, selon que l'on s'exprime en français (régulation est synonyme de déréglementation) ou en anglais (régulation est synonyme de réglementation) et enfin, dans la discipline économique où existe une école française dite de la régulation et dont l'objet est de décrire les mécanismes de reproduction d'un modèle macroéconomique concret. La sociologie n'est pas en reste. Dans cette discipline le concept de régulation renvoie à l'action des règles favorables à la cohésion sociale, aux règles stabilisatrices des rapports sociaux.

C'est à cette acception sociologique de la régulation que fait référence la littérature relative à l'espace numérique. Au sein de cette littérature, le concept de régulation s'entend des actions et normes qui permettent un encadrement de cet espace à partir de mécanismes qui favorisent la modération, l'innovation, la transparence, la sécurité, la confiance, la licéité et l'interopérabilité. Cette littérature désormais abondante émane de champs disciplinaires divers[2]. Elle utilise de façon synonyme les notions de régulation et de gouvernance de l'Internet.

Toutefois, elle donne à ces notions des contenus à géométrie variable d'un auteur à l'autre. Non point parce qu'il y aurait controverse sur ces notions, mais plutôt parce que les uns et les autres parlent de la régulation ou de la gouvernance d'items différents. Certains font

---

[1] Selon Jacques Chevalier, dans le champ juridique, le concept de régulation recouvre trois types de significations possibles. Il est entendu soit comme un attribut substantiel de tout le droit, soit comme une caractéristique du droit de l'État-providence, soit enfin comme l'indicateur des transformations en cours du phénomène juridique. Cf. Chevalier (Jacques), La régulation juridique en question, *Droit et Société*, 49-2001.

[2] Pour un panorama de cette littérature, lire Meryem Marzouki, Cécile Méadel, *Gouvernance technique et gouvernement politique d'Internet*, Rapport au Programme-École Thématique du GDRTIC, mars 2004.

référence à la régulation des contenus, d'autres à celle des protocoles, d'autres enfin à celle des usages, etc. C'est pourquoi rares sont les travaux qui procèdent à une étude globale et transdisciplinaire de la régulation de l'espace numérique. La plupart des travaux se limitent à l'examen d'un item et la définition qu'ils retiennent de la régulation ou de la gouvernance est bien sûr celle qui apparaît la plus conforme à l'item étudié.

On est donc bien souvent en face d'une approche ou d'une définition sectorielle de la notion de régulation de l'espace numérique. Toutefois, si l'on opère la somme de ces approches et acceptions sectorielles, il apparaît que la notion de régulation de l'espace numérique renvoie à l'idée de mise en œuvre d'un dispositif (organes, protocoles, usages et normes) qui concourt à la configuration de cet espace du point de vue d'une problématique de la modération, de l'innovation, de la transparence, de la confiance, de la sécurité, de la licéité et de l'interopérabilité. Autant de paramètres qui contribueraient à aménager l'espace virtuel que constitue l'espace numérique comme espace qui satisfait aux exigences axiologiques des sociétés démocratiques. C'est sans doute pour cela que Christian Paul considère que le débat sur la régulation de l'Internet se résume finalement à un enjeu fondamental : la transposition ou non « … dans la société de l'information… de principes jusqu'ici reconnus dans les sociétés démocratiques[1] ».

---

[1] Christian Paul, *Du Droit et des libertés. La corégulation, contribution française pour une régulation mondiale*, Rapport au Premier ministre, mai 2000.

III – La notion de compétence de régulation de l'espace numérique

L'observation montre qu'en tant que nouvel espace des rapports sociaux, l'espace numérique renvoie à un nombre de domaines variés et fort éloignés les uns des autres. En termes de régulation, ces domaines renvoient à des items particuliers : standards et protocoles du réseau, accès aux infrastructures et aux services, protection de la vie privée, droit d'auteur, propriété intellectuelle, liberté d'expression, contenus sensibles (pornographie, violence, racisme, etc.), diversité culturelle[1]. Chaque item requiert la mise en œuvre de compétences régulatoires particulières. Celles-ci sont exercées par des acteurs hétérogènes et autonomes les uns par rapport aux autres. Cette mise en œuvre s'opère par le moyen d'initiatives par lesquelles ces acteurs cherchent à configurer l'Internet selon leurs intérêts, priorités et logiques propres. Il s'ensuit qu'à défaut d'une autorité centrale (nationale ou multilatérale) habilitée à réguler l'ensemble des items de cet espace, la régulation de ces items se fait spontanément par l'ajustement fortuit d'initiatives émanant d'acteurs hétérogènes. C'est donc cet ajustement fortuit des diverses actions qui concourent à la configuration de cet espace qui, pour l'heure, fait office de régulation de l'espace numérique. La mise en œuvre de ces actions se fait-elle à partir de compétences au sens juridique du terme ? Autrement dit, sont-elles mises en œuvre à partir de compétences de droit ou simplement à partir de compétences de fait ?

[1] Raboy (Marc), Vedel (Thierry), La régulation des communications à l'ère numérique, in Proulx (Serge), Massit-Folléa (Françoise), Conein (Bernard), *Internet, une utopie limitée : nouvelles régulations, nouvelles solidarités*, Presses de l'Université Laval, 2005.

On connaît en droit la distinction entre capacité et compétence comme modalités de réalisation des droits ou des pouvoirs. Les deux termes, bien qu'étant assez voisins, ne sont cependant pas synonymes. La capacité peut être définie comme l'aptitude générale et légale à acquérir ou exercer des droits ou des obligations, tandis que la compétence peut être définie comme l'habilitation légale à accomplir un acte déterminé, à instruire un procès ou à conduire une action. À la lumière de cette définition de la notion de compétence au sens juridique du terme, il apparaît que les compétences de régulation mises en œuvre sur l'espace numérique ne peuvent être analysées de façon globale comme relevant de la catégorie des compétences de droit.

Certaines d'entre elles présentent bel et bien la qualité de compétences de droit (habilitation légale à accomplir des actes ou des actions portant régulation). C'est par exemple le cas des autorités administratives indépendantes qui interviennent dans le champ des différents items de la régulation de l'Internet. On peut citer pour la France la CNIL qui intervient dans le champ de la protection des données personnelles. D'autres en revanche présentent la qualité de compétence de fait (aptitude matérielle à accomplir des actes ou des actions portant régulation). C'est le cas des acteurs de l'autorégulation générale (prohibition du spam ; actions exercées par les modérateurs au sein des forums), professionnelle (chartes, codes et labels) ou contractuelle (dispositions contractuelles d'adhésion portant régulation). Notons que tant du point de vue des compétences de droit que de celui des compétences de fait, le dispositif spontané de régulation de l'espace numérique nous met en présence de compétences régulatoires qui s'analysent les unes et les autres comme constitutives du pouvoir d'un acteur à affecter la configuration de l'espace numérique. Aussi, afin de recouvrir la réalité à laquelle elle renvoie, la notion de compétence de régulation au sein de l'espace numérique doit s'entendre comme le pouvoir (juridique ou matériel) d'un acteur à agir en termes de configuration de l'espace numérique.

C'est cette double nature des compétences de régulation mises en œuvre sur un espace reconnu désormais comme d'intérêt public qui interpelle le Droit public du point de vue du modèle de dévolution et d'exercice des pouvoirs auxquels ces compétences participent.

IV – Le modèle de dévolution et d'exercice des compétences auquel participe le dispositif actuel de régulation sur l'espace numérique

La littérature relative à l'espace numérique véhicule une réflexion sur la nature du modèle de régulation de cet espace[1]. S'agit-il d'un modèle multirégulationnel comme le suggèrent certains juristes ? Est-on plutôt en présence d'un modèle de régulation décentralisé comme le soutiennent certains politistes ? Quelle que soit sa nature, ce dispositif peut-il évoluer vers un modèle centralisé comme le souhaitent les partisans d'une réforme démocratique de la gouvernance de l'Internet ?

Rappelons que la régulation de l'espace numérique selon des modalités démocratiques implique la mise en œuvre de compétences de régulation. Or celles-ci, comme toutes autres compétences, s'organisent à partir des modèles de dévolution et d'exercice des compétences qu'offre en la matière le Droit public. D'une part, un modèle classique qui se présente sous la forme d'un modèle vertical. D'autre part, un modèle récent qui se

---

[1] Lire à ce sujet : Meryem Marzouki, Cécile Méadel, *op. cit.*

présente dans la forme d'un modèle horizontal. Le premier modèle présente quatre modalités de dévolution des compétences (élection, délégation, concession, transfert) et trois modalités d'exercice des compétences (centralisation, déconcentration et décentralisation). Le second modèle présente une seule modalité de dévolution des compétences (l'attribution) et une seule modalité d'exercice des compétences (l'indépendance). De ce point de vue, s'interroger en droit public sur l'aptitude de l'espace numérique à se prêter à un modèle de régulation démocratique revient purement et simplement à s'interroger sur l'aptitude de cet espace à se prêter aux modèles de dévolution et d'exercice des pouvoirs qu'offre en la matière le droit public.

A) Un espace numérique qui échappe par nature au modèle vertical de dévolution et d'exercice des compétences

Les partisans d'une réforme du dispositif actuel de régulation de l'espace numérique ont en commun le fait de revendiquer la mise en place d'un modèle de régulation conforme à l'idéal d'une régulation multilatérale, transparente et démocratique, avec la pleine participation des États, du secteur privé, de la société civile et des organismes internationaux. L'espace numérique peut-il se prêter au modèle de dévolution et d'exercice des compétences inhérent à un tel idéal ? Celui d'un dispositif de régulation institutionnelle, centralisée ou décentralisée.

On sait que par son axiologie, la démocratie projette dans l'univers de l'espace numérique, non seulement l'impératif d'une régulation afin de l'affranchir de l'état de nature, mais aussi l'exigence d'une centralisation afin que le pouvoir de décision y repose sur un titre représentatif et légitime. Or paradoxalement, c'est sur cette question d'une centralisation, d'une représentativité et d'une légitimité des organes détenteurs des prérogatives de régulation que l'espace numérique et la démocratie entrent en dissonance. Plus précisément, c'est là où l'espace numérique et le contenu de l'acception démocratique de la régulation soulèvent un problème de compatibilité. Car si l'espace numérique se prête au phénomène de la régulation, il ne se prête pas ou se prête mal au phénomène de la centralisation en raison de la logique centrifuge que lui confèrent les éléments constitutifs de son fonctionnement[1]. Ces éléments imposent en effet à la régulation de cet espace le sceau du pluralisme. Or celui-ci s'avère être par définition incompatible avec un modèle de régulation centralisé. Divers analystes ont attiré l'attention sur ce caractère pluraliste de la régulation de cet espace[2]. Ce caractère s'impose d'ailleurs à l'analyste dès le premier abord du sujet. C'est sans doute pourquoi nombreux sont ceux qui – conscients de l'incompatibilité mentionnée ci-dessus – ont cédé à la tentation d'une interprétation des mécanismes actuels de régulation de cet espace comme relevant d'un modèle de régulation décentralisée. Mais cette analyse est conceptuellement insatisfaisante.

La décentralisation en effet est un concept politico-juridique. Elle renvoie à une modalité d'organisation de

[1] À savoir : les protocoles, les contenus, les usages, les échanges, les postures, les normes, la volatilité des contenus, la diffusion transfrontière, l'hétérogénéité des acteurs, la pluralité des intérêts et des valeurs, la plurilocasation des litiges, la porosité du réseau, etc.

[2] Divers analystes ont attiré l'attention sur ce caractère, notamment : Amblard (Philippe), *La régulation de l'Internet, L'élaboration des règles de conduite par le dialogue internormatif*, Cahier du CRID, Bruylant, 2004 ; Paul (Christian), *Du Droit et des libertés sur Internet*, Rapport au Premier ministre, Paris, La Documentation française, coll. Rapports officiels, 2001 ; Brousseau (Éric), *L'auto-régulation nécessite-t-elle un cadre institutionnel ?*, dans Éric Brousseau, Nicolas Curien (dirs), *Economie de l'Internet*, Presses de Sciences Po, éd. 2001 ; Meryem Marzouki, Cecile Méadel, *op. cit.*

l'État unitaire qui se traduit par un transfert de certaines compétences d'une autorité centrale vers des autorités périphériques jouissant d'une légitimité représentative. Or le caractère pluraliste de l'Internet est moins l'expression d'une décentralisation de compétences régulatoires que celle d'une atomisation des acteurs détenteurs d'un pouvoir (aptitude matérielle) de configurer cet espace dans le champ des domaines ayant vocation à être régulés. Il n'y a en effet ni transfert de prérogatives d'une autorité centrale ni existence d'autorités périphériques jouissant d'une légitimité représentative. Et s'il en est ainsi, ce n'est point par le fait d'une décision arbitraire ou concertée, mais en raison de la nature même de cet espace. Ses éléments constitutifs lui confèrent une logique centrifuge qui en fait un espace par nature rétif à tout modèle vertical de dévolution et d'exercice des compétences de régulation.

B) Un espace numérique qui se prête par nature au modèle horizontal de dévolution et d'exercice des compétences

Nous avons vu que l'espace numérique nous met en présence de compétences régulatoires de droit et de fait. Les premières sont celles qui prennent leur source dans la volonté d'une autorité publique qui attribue à une personne morale les moyens d'une régulation et d'une régulation indépendante. Les secondes sont celles qui prennent leur source dans la volonté d'une personne physique ou morale qui exerce son aptitude matérielle à affecter la configuration de cet espace en toute indépendance. C'est donc l'ajustement non concerté, mais fonctionnel de l'ensemble des initiatives prises sur la base de ces compétences régulatoires de droit ou de fait qui aujourd'hui fait office de régulation. Ce dispositif donne ainsi à voir l'existence de pôles différenciés de régulation, l'existence d'une atomisation des pouvoirs de régulation.

Il nous met en présence d'un modèle de régulation dont le centre est partout et nulle part à la fois. Comme tel, il est l'expression d'un modèle horizontal de dévolution et d'exercice des compétences.

Ce modèle n'est pas inconnu en droit public. Il est à l'œuvre dans le modèle le plus récent de dévolution et d'exercice des compétences au sein des démocraties. Plus précisément, il est à l'œuvre dans les secteurs où les démocraties optent désormais pour un exercice horizontal des compétences. Il s'agit des secteurs placés sous le régime d'une administration et d'une normativité de régulation. La gestion de ces secteurs est confiée à des entités particulières : les autorités administratives indépendantes[1].

Étudiant le phénomène d'émergence de ces autorités au sein de l'administration française, Jacques Chevalier fait remarquer que le processus d'autonomisation de ces instances de régulation s'inscrit dans la perspective d'un modèle différent de l'organisation administrative. Concernant ce nouveau modèle, il écrit :

> *Les AAI ne relèvent plus du modèle bureaucratique de type monocratique, fondé sur la concentration du pouvoir de décision au sommet, mais d'un modèle polycentrique, comportant des pôles de pouvoir différenciés et indépendants les uns des autres : disposant d'une capacité d'action autonome, les entités administratives ne sont plus, dans ce modèle, unies par des liens verticaux de subordination, mais par des relations horizontales d'interaction et d'interdépendance*[2].

---

[1] Sur les autorités administratives indépendantes, lire : Chevalier (J.), *Réflexion sur l'institution des autorités administratives indépendantes*, *JCP*, 1986, II, 3254 ; *La Philosophie des autorités administratives indépendantes*, *Regards sur l'actualité*, décembre 1988 ; *Les Autorités administratives indépendantes et la régulation des marchés*, *Justices, Revue générale du droit processuel*, 1995, n° 1, p. 81.

[2] Chevalier (Jacques), *op. cit.*, 301, 1998.

La description que Jacques Chevalier donne du modèle administratif polycentré correspond parfaitement à la topographie des mécanismes actuels de régulation de l'espace numérique. À cette différence près que concernant cet espace, si les compétences de régulation sont exercées en toute indépendance, leur dévolution se fait, en revanche, par attribution pour certains et par autoattribution pour d'autres. Dans l'un et l'autre cas, on est en présence d'un modèle horizontal de dévolution et d'exercice des compétences. Autrement dit, en présence d'un modèle de régulation polycentré. Le concept de polycentrisme est donc le plus heuristique sur la question du modèle de dévolution et d'exercice des compétences auquel correspond le dispositif spontané de régulation de l'espace numérique. Ce dispositif participe du modèle polycentré. Et sa participation à ce modèle est indissociable des éléments qui imposent au fonctionnement de cet espace le sceau du pluralisme[1]. Ces éléments confèrent en effet à l'espace numérique une logique centrifuge. Ils font de cet espace, un espace rétif à tout modèle de régulation centralisé (hiérarchique et monopolistique), voire décentralisé (puisque la décentralisation suppose l'existence d'un pouvoir central). Il faut sans doute y voir la raison pour laquelle cet espace a généré spontanément son propre modèle de régulation. Et l'a généré dans la forme d'un modèle de régulation polycentré.

Ce dispositif spontané de régulation de l'espace numérique fait l'objet de nombreuses critiques. Non pas que techniquement il fonctionnerait mal. Mais simplement parce qu'il est aux antipodes de l'idéal d'une régulation multilatérale, transparente et démocratique, avec la pleine participation des États, du secteur privé, de la société

---

[1] Sur les rapports intrinsèques entre pluralisme, régulation et polycentrisme, lire Chevalier (Jacques), *op. cit.*, 301, 1998.

civile et des organismes internationaux. En d'autres termes, il prend le contre-pied de l'idéal démocratique d'une régulation institutionnalisée, centralisée ou décentralisée. C'est à la prospective de ce modèle idéal que le secrétaire général des Nations unies a mandaté le WGIG[1]. Or ce dernier, cherchant à donner de la notion de régulation de l'Internet une définition qui correspond au plus près à la nature et à la pratique du réseau, a retenu une définition qui confirme le caractère nécessairement pluraliste et donc polycentré de la régulation du réseau. Selon le WGIG en effet, il faut entendre par gouvernance de l'espace numérique l'élaboration et l'application par les États, le secteur privé et la société civile, dans le cadre de leur rôle respectif, de principes, normes, règles, procédures de prise de décision et programmes communs propres à modeler l'évolution et l'utilisation de cet espace. Par ailleurs, le WGIG préconise dans son rapport final non pas la fin du modèle actuel, mais simplement son aménagement par le moyen de certaines modifications censées le rendre plus conforme aux principes retenus dans les documents finaux du SMSI de Genève[2] : le Plan d'action et la Déclaration de principes adoptés lors du SMSI de Genève en 2003. On est donc loin de l'idéal d'une régulation multilatérale, qui serait certes conforme à l'idéal démocratique, mais serait aussi en porte-à-faux avec le principe de réalité qui préside au fonctionnement de cet espace.

---

[1] Le WGIG est le Groupe de travail sur la gouvernance de l'Internet. Il a été créé en 2003 à l'issue du SMSI de Genève par le SG de l'ONU avec pour mission une étude des modalités d'une gouvernance démocratique de l'Internet.

[2] Sur ces principes, lire : Raboy (Marc), Landry (Normand), *Rapport sur La communication au cœur de la gouvernance globale. Enjeux et perspectives de la société civile au Sommet mondial sur la société de l'information*, Département de communication, université de Montréal, mai 2004.

V – La nécessité d'une compétence africaine dans le champ de la régulation de l'espace numérique

L'observation montre que la thématique de la régulation de l'espace numérique balance entre un modèle idéal qui puise ses sources dans l'axiologie de la démocratie et un modèle spontané qui puise ses sources dans la contrainte exercée par les facteurs qui concourent au fonctionnement de cet espace. Ces facteurs confèrent à l'espace numérique une logique centrifuge qui en fait, d'une part, un espace marqué par le sceau du pluralisme, d'autre part, un espace par nature réfractaire à tout modèle vertical de dévolution et d'exercice des compétences. Il apparaît que cet espace se prête plutôt par nature au modèle démocratique le plus récent en la matière.

En fait le dispositif actuel de régulation de l'espace numérique est aux antipodes du modèle vertical et se rapproche plutôt du modèle horizontal de dévolution et d'exercice des compétences. À savoir le modèle polycentré. La logique centrifuge qui gouverne le fonctionnement de cet espace invite donc – sous peine d'inefficience – à organiser la régulation de cet espace à partir d'un modèle horizontal de dévolution et d'exercice des compétences. Il existe donc bel et bien une corrélation entre la nature de l'espace numérique et son modèle de régulation. Cette corrélation doit impérativement être prise en compte au sein des instances qui travaillent sur la question d'une réforme du dispositif actuel de régulation de cet espace. La vocation de l'espace numérique à être régulé sur la base d'un modèle de gestion polycentré est une conséquence des contraintes objectives que font peser sur son mode de régulation les éléments constitutifs de son fonctionnement.

Une initiative récente du gouvernement chinois confirme cette analyse. Face à la lenteur de l'ICANN à mettre en place un Internet globalement multilingue, Pékin vient de modifier la structure de son système d'adressage, pour faciliter la navigation de ses internautes. Ils peuvent ainsi taper les adresses en .com avec des idéogrammes, y compris l'extension. Cette décision a semé le trouble. Certains y voient une manœuvre pour amener les internautes chinois à ne plus passer par les serveurs américains de l'ICANN et donc à être indépendants des décisions et de la régulation dictées par l'ICANN. Cette initiative fait planer la crainte qu'à terme la Chine ne crée ses propres serveurs racines et ne quitte le réseau géré par l'ICANN. Cette crainte confirme le caractère foncièrement centrifuge de l'espace numérique et l'impossibilité d'organiser sa régulation autrement que sur le mode du polycentrisme. C'est pourquoi nous disons que tout projet de réforme visant à rendre plus démocratique le dispositif actuel de régulation de l'espace numérique doit s'élaborer à partir du modèle polycentrique de dévolution et d'exercice des compétences sous peine de conduire à un modèle de régulation bureaucratique ou totalitaire.

De ce point de vue, l'Afrique a tout intérêt à faire preuve d'initiative historique sur le terrain de la configuration des solutions de régulation des conflits numériques au sein du cyberespace. Les États africains et leurs ressortissants doivent se doter des compétences matérielles nécessaires pour configurer l'espace numérique au mieux de leurs intérêts sur la base d'une compétence d'autoattribution que permet la configuration polycentrique du système de régulation des conflits au sein de l'espace numérique. Cette configuration ouvre à l'Afrique l'opportunité de devenir une pièce majeure de ce dispositif. Mais la condition pour ce faire est que les États africains et leurs ressortissants se dotent des moyens et compétences nécessaires pour pouvoir agir au sein de cet espace. La manière la plus efficace pour se doter de tels moyens et compétences est de s'organiser à l'échelle continentale c'est-à-dire dans le cadre d'une institution panafricaine.

À défaut d'une telle organisation panafricaine, le risque de cybercolonisation de l'Afrique va prendre corps dans la réalité. Il est un domaine où la cybercolonisation de l'Afrique est déjà réelle. C'est le domaine de la culture. L'accès des sociétés africaines au cyberespace à travers les infrastructures de propriété occidentale a donné aux populations africaines l'accès aux sites pornographiques. La conséquence immédiate a été le déferlement des mœurs sexuelles occidentales en Afrique et de ce fait, l'apparition progressive d'une dépravation des mœurs sexuelles en Afrique. Par le biais de ces sites pornographiques l'Occident cybercolonise l'imaginaire sexuel des sociétés africaines qui étaient jusque-là un imaginaire fait de pudeur en public. L'Occident, pour tout dire, opère volontairement ou non une cybercolonisation culturelle de l'Afrique du fait de l'incapacité des États africains à exercer un contrôle sur le déferlement des sites d'origine européenne au sein du cyberespace africain. Voilà un exemple parfait du manque d'indépendance et de souveraineté au sein du cyberespace.

Chapitre VII

Vers un projet de conquête de l'initiative numérique par l'Afrique au sein du cyberespace

I – Les voies d'une riposte panafricaniste à la cybercolonisation

Au nombre des moyens utilisés pour la lutte (politiques, économiques, littéraires, culturels, etc.), force est de constater que le numérique n'est pas aujourd'hui considéré par les panafricains comme outil majeur ou décisif. Pourtant en face, ceux qui « organisent notre désorganisation », qui n'ont pas intérêt à ce que nous soyons unis, l'utilisent à outrance pour arriver à leurs fins. En effet, à l'ère de la « société de l'information », le numérique est devenu un outil stratégique majeur pour les puissances géopolitiques. Afin de s'adapter à la nouvelle donne, ces dernières n'ont pas hésité à développer de nouveaux moyens subtils et insidieux (culturels, normatifs, etc.), parmi lesquels, les moyens technologiques et cybers. Tous ces nouveaux moyens servent leur désir de domination et d'influence dans le monde.

Dans la continuité des pères fondateurs, plusieurs mouvements panafricanistes existent aujourd'hui aussi bien sur le continent africain qu'en dehors. Ces mouvements sont principalement animés par des milliers de jeunes dynamiques et enthousiastes qui se battent au quotidien en portant dans leur cœur le rêve d'une Afrique unie, souveraine et prospère. Les moyens de lutte sont divers et variés allant des campagnes de sensibilisation sur la « véritable » histoire africaine jusqu'aux manifestations publiques portant sur les questions économiques, sociales, de mauvaise gouvernance, voire géopolitiques.

Plusieurs leaders de ces mouvements, s'inspirant notamment des travaux du savant Cheikh Anta Diop, sont convaincus que la réalisation du rêve des pères fondateurs du panafricanisme (Afrique unie, pacifique, souveraine et prospère) passera par une réappropriation de notre héritage culturel, historique, et bien sûr scientifique, ce qui nous permettra de construire notre propre modernité. Autrement dit, le succès du panafricanisme passera par une renaissance africaine.

Cette approche que nous partageons totalement suggère que tous ceux qui sont engagés dans cette lutte doivent, à partir de leurs expertises et de leurs expériences, proposer des outils nouveaux au service de la cause. Ces outils doivent être taillés sur mesure et sur la base d'un modèle qui nous est propre, autoréférencé. C'est ce que l'éminent Dr Molefi Kete Asante a appelé l'Afrocentricité, qu'il considère à la fois comme une philosophie de la transformation pour le peuple africain, et aussi comme mode opératoire permettant de réaliser cette renaissance tant souhaitée[1].

---

[1] Cf. Molefi Kete Asante, *L'Afrocentricité et l'idéologie de la Renaissance africaine*, Menaibuc Eds, 2014

Il est capital de comprendre que les conflits dans le cyberespace ne sont pas dissociables des rivalités de pouvoir géopolitique classique. Bien au contraire, ils en sont à la fois une nouvelle dimension et expression, présente à tous les niveaux d'analyse [le cas de la guerre russo-ukrainienne déclenchée en février 2022, dont le cyber est l'un des modes d'action régulièrement sollicités par les belligérants, est encore là pour nous le rappeler]. En l'état actuel, la conception rudimentaire que nous avons du cyberespace et du numérique en Afrique profite efficacement à l'hégémonie des grands groupes informatiques étrangers, et ce faisant aux pays dont ils sont originaires.

Si tel est le cas, le temps est donc venu de mettre le numérique à son juste niveau stratégique parmi les moyens de la lutte. À la fois pour comprendre et contrecarrer les agressions cybers menées contre nos intérêts de souveraineté, stopper le pillage de nos matières premières numériques (nos données), mais aussi pour s'en servir comme moyens/solutions d'appui dans certains de nos combats (nous sommes plusieurs à avoir par exemple théorisé la création d'une monnaie numérique cryptée à vocation panafricaine). Nous devons urgemment dépasser l'approche dite du cyberactivisme, qui réduit l'utilisation du numérique par les mouvements panafricains au simple usage des réseaux sociaux comme outil de forte mobilisation, de sensibilisation ou de revendication. Il faut maintenant passer au cap supérieur ! La pensée panafricaniste moderne doit absolument s'enrichir d'une réflexion profonde sur le cyberespace et la façon dont son avènement impacte ce mouvement.

Tout indique que dans la situation [de dépendance] actuelle sur le plan informatique et numérique, l'Afrique reste reléguée à une position de périphérie numérique. Ainsi, pour arrêter d'être la périphérie des autres, nous devons être notre propre centre. Ce qui a nécessité un changement de perspective et de paradigme.

À ce sujet, Solange Ghernaouti pense que :

> *Il faut inventer un modèle économique, juridique et social qui tienne compte du pouvoir démiurgique des technologies de l'information, car seule l'indépendance numérique est garante de notre libre arbitre, de notre souveraineté, notre démocratie...*

Casilli, quant à lui, plaide pour un « tournant décolonial numérique ». Dans le cadre de l'Afrique, ce nouveau modèle d'innovation technologique à inventer et à concevoir doit s'adosser sur une pensée stratégique du cyberespace à partir d'une perspective africaine (au sens du Dr Asante), afin qu'il soit au service du panafricanisme et de la renaissance du continent.

La force de frappe développée par les grandes puissances dans ce domaine nous y oblige. Elles en ont fait une arme principale dans leur nouveau paradigme de guerre, nous contraignant ainsi à en tenir sérieusement compte. Le nouveau centre de gravité de la puissance au XXIe siècle s'est déplacé dans le cyberespace où se déroulent les affrontements pour, par et contre l'information et la connaissance. Ce qui fait du numérique un des moteurs des rapports de force et des rivalités entre puissances. Par conséquent, son élévation comme moyen de lutte au niveau stratégique strict est indispensable, au risque de diminuer nos chances de victoire. Aussi, comme dans d'autres domaines, pour espérer rivaliser avec la puissance des mastodontes d'en face, *le continent est la seule échelle pertinente* à travers laquelle nous devons traiter cette question. Ce qui, nous semble-t-il, est en droite ligne avec l'idéal panafricaniste !

C'est pourquoi nous saluons ici l'initiative Smart Africa, qui est la seule alliance panafricaine entre plusieurs États, organisations publiques et privées africaines ayant pour ambition de mutualiser les moyens pour promouvoir la transformation numérique du continent par des projets concrets. Malheureusement, cette initiative pensée et conçue en dehors du modèle d'innovation décrit *supra* est ainsi orpheline du préalable d'une théorisation africaine du cyberespace. C'est un préalable aujourd'hui incontournable qui, en l'associant aux ressources nécessaires, aurait élevé le plan d'action et les projets issus de la démarche Smart Africa à un niveau permettant de conquérir notre indépendance dans le cyberespace, et d'acquérir notre souveraineté numérique.

Cet ouvrage est aussi un appel aux leaders panafricains et artisans de la construction d'une Afrique unie, souveraine et prospère. Si l'ambition visée par l'initiative Smart Africa est la conquête et la consolidation de l'indépendance et de la souveraineté numériques de l'Afrique (c.-à-d. autonomie de décision et liberté d'action dans le cyberespace), la cyberstratégie africaine[1] peut permettre de définir les modalités théoriques et même pratiques de sa mise en œuvre, notamment :

– La formation d'une masse critique de cyberstratégistes (production des savoirs pluridisciplinaires, conception théorique, etc.) et de cyberstratèges (praticiens de la stratégie propre au cyberespace) pouvant accompagner cette démarche.

– La sensibilisation massive des acteurs (décideurs, experts, opérateurs économiques, mécènes, etc.) à la dimension stratégique du cyberespace.

[1] Concept qui fait l'objet d'une collection de deux ouvrages de Djimgou Ngameni (*Cyberstratégie africaine, tomes I et II*, LARC, 2022).

– La proposition d'un modèle alternatif d'innovation technologique porteur de cette ambition.

– La conception d'un programme africain d'industrialisation numérique, ainsi que d'un guide méthodologique pour sa mise en œuvre (discours, stratégie, doctrine, lois et réglementations, projets, etc.)

D'après plusieurs spécialistes de l'histoire du panafricanisme, l'une des causes de l'échec de la lutte pour les États-Unis d'Afrique est l'obsolescence des grilles de lecture utilisées par les leaders de l'époque, notamment leurs carences observées *a posteriori* en matière de géostratégie. Ce serait une faute historique que de commettre la même erreur avec le numérique, alors même que nous avons d'importants atouts stratégiques à notre disposition. Parmi ces atouts, nous pouvons citer : les matières premières (terres rares, hydrocarbures, etc.), la démographie (essentiellement jeune et en forte croissance), les sources d'énergie naturelle (fleuve, ensoleillement, vent, etc.), l'espace (superficie du continent). On peut aussi ajouter la résilience du peuple africain au regard de son expérience historique, l'unité culturelle (au sens du Pr Cheikh Anta Diop), la reprise progressive de notre conscience historique, etc.

Nous pouvons même aller jusqu'à considérer le manque d'infrastructures en Afrique comme une opportunité pour renverser la tendance de dépendance actuelle, et ériger l'Afrique en puissance dans le cyberespace. Le taux de pénétration d'Internet sur le continent était autour de 43 % au début de l'année 2022. Cela suppose qu'il y a encore environ 57 % du cyberespace africain à aménager, soit à date plus de 800 millions de personnes à connecter. En s'y prenant correctement, cela peut s'avérer être un avantage stratégique inédit ! D'abord parce qu'en l'état actuel des choses, le retard de l'Afrique en matière de connectivité en fait le continent le moins exposé aux cyberattaques contrairement aux apparences, car ayant la « surface d'attaque » la plus réduite (plus il y a d'objets, d'infrastructures et de citoyens connectés dans un pays, plus il est exposé au risque d'une cyberattaque). Dans la plupart de nos pays, beaucoup d'infrastructures critiques (système de distribution d'eau, système de transport, réseau électrique, etc.) ne sont pas encore connectées. Ce qui limite l'impact des agressions cybernétiques commanditées par les États.

Ce retard est aussi une opportunité pour les pays africains d'accéder au cyberespace en utilisant directement les technologies à la pointe de l'innovation qui sont sécurisées dès la conception, contrairement aux pays industrialisés qui ont bâti le cœur de leurs infrastructures sur des technologies initialement peu sécurisées, et essayent aujourd'hui de rattraper le coup en ajoutant des briques de protection (c'est ce que certains qualifient de dette technologique ou dette de sécurité). Cette mise à niveau reste moins fiable que ce que les Africains, qui en l'occurrence ont très peu de dette, pourraient construire.

Ainsi donc, si l'Afrique est le continent le plus vulnérable au monde sur la partie connectée de son cyberespace, c'est aussi une chance unique à saisir pour sortir la majeure partie restante des Africains de l'enclavement numérique, tout en renforçant notre niveau de maturité cyber au point d'acquérir le statut de cyberpuissance au même titre que les pays industrialisés aujourd'hui. Cependant, c'est aussi un énorme défi à la fois économique, industriel et même social qu'il nous appartient de relever. Si on inscrit ce défi dans une démarche de cyberstratégie africaine, c'est une occasion unique de conquérir et consolider notre indépendance numérique qui, vous l'aurez compris, doit devenir un pilier incontournable dans la pensée et le combat panafricaniste du XXIe siècle.

II – Un paradigme de protection du cyberespace africain

Développement d'un nouveau paradigme de protection du cyberespace africain : la cyberdéfense

Parler de cybersécurité à l'ère du numérique semble prioritairement s'imposer à toutes les sociétés ouvertes à la mondialisation des systèmes. Cela va sans dire, quand on considère qu'à l'opposé de cette politique souveraine de protection des hommes, des biens et des services se développent de façon exponentielle, la cybercriminalité qui, entre l'économie mondiale et les politiques d'internationalisation, inquiète les sujets, les États et les multinationales.

En effet, la cybercriminalité se découvre de nos jours comme une amélioration de l'aspect physique du crime, partant des stratégies d'attaque aux conséquences qu'entraîne la victimisation des sujets qui s'y trouvent piégés. Dès le départ, les types d'attaques observés correspondaient effectivement aux crimes déjà connus et perpétrés par d'autres procédés. Des tueurs en série, l'on passe aux « hackers ». Désormais, l'on fait face aux actes de cyberdélinquance tels que l'usurpation d'identité, l'escroquerie/arnaque, le harcèlement en ligne, la fraude à la carte de crédit, le détournement de mineurs, l'ingénierie sociale, le déni de service, la violence verbale, l'utilisation des logiciels malveillants, etc.

C'est dans ce contexte que les États africains continuent jusqu'à nos jours de définir l'ensemble des mesures juridiques, techniques et organisationnelles à mettre en œuvre pour lutter contre ce type de crimes perpétrés au moyen d'outils électroniques et informatiques. Un tel appareillage résulte d'une volonté de contrôler, de régir et de protéger les acquis de toutes ces nations : ce qui relève de la cybersécurité. Elle peut s'avérer efficace quand l'ensemble de ces mesures recommandées en la matière sont correctement appliquées.

Cependant, les types de menaces cybernétiques ont aussi rapidement évolué vers le cyberespionnage industriel, politique, puis vers le cyberactivisme, le cyberterrorisme, la cyberinfluence, le vol d'information classifiée et sensible, etc. Désormais des groupes de pression posent des actes de piratage pour influencer ou imposer un point de vue politique ; des États s'espionnent entre eux pour obtenir ou conserver des avantages stratégiques (économique, idéologique ou militaire) ; les grandes entreprises et multinationales s'espionnent pour conserver l'avantage compétitif sur le marché, etc. On a ainsi vu apparaître les notions de cyberguerre, d'opérateur d'importance vitale (organisation dont la compromission peut porter atteinte au bon fonctionnement ou à la sécurité de l'État), de cyberarmement, de cybersouveraineté ou souveraineté numérique…

De la cybersécurité à la cyberdéfense…

C'est alors que dans les pays les plus avancés en la matière (les pays du G7 d'abord, puis du G20) le « cyber » entre dans les espaces dont l'intégrité doit être protégée, et les armées sont mises à contribution pour faire évoluer le concept de cybersécurité afin de l'adapter aux nouvelles réalités. La cybersécurité est de ce point de vue redéfinie comme étant la gouvernance, le développement, la gestion et l'utilisation des outils et techniques de sécurité de l'information, de sécurité des opérations technologiques et de sécurité informatique pour assurer la conformité aux réglementations, défendre ses actifs et compromettre quand c'est nécessaire les actifs des adversaires[1].

Mais, très vite, même cette adaptation va s'avérer incomplète pour contenir toutes ces nouvelles formes de cybermenaces, dont l'impact sur la vie des nations se veut considérable. Le fonctionnement des États et la réussite des opérations militaires devenant de plus en plus chirurgicales, tout dépend désormais du numérique. Au début des années 2000, les premières stratégies de défense du cyberespace vont donc être définies et introduites avec la contribution des états-majors. Si on en avait déjà les prémisses dans les cercles de défense américains, on a vu apparaître le concept de cyberdéfense pour la première fois en France, dans le *Livre blanc sur la défense et la sécurité nationale* publié en 2008, concept qui sera redéfini et confirmé dans la version de 2013 du même document, suite à l'affaire Snowden précédemment examinée.

En réalité, le concept de cyberdéfense fait l'objet de deux perceptions par les spécialistes, avec deux points de vue qui s'affrontent.

La première perception, qui pour nous résulte d'une approche techniciste, postule que la cyberdéfense relève de la protection et de la défense des systèmes d'information d'une entreprise ou autre opérateur économique contre les menaces extérieures (notamment les concurrents). Cette approche réduit le champ d'application du concept de cyberdéfense à l'échelle d'une

---

[1] C'est l'une des définitions qui me semblent le plus complètes. Elle a été proposée dans la *Revue stratégique de Cyberdéfense*, France, 2018.

entreprise, l'intégrant en fait comme simple module dans une stratégie globale de cybersécurité (sans distinguer clairement les deux démarches).

Pour la seconde perception, qui s'inscrit dans une dimension plus stratégique, la cyberdéfense relève de la démarche entreprise par un pays pour protéger et défendre son cyberespace, entendu ici comme espace numérique souverain. À cet effet, le général français Olivier Kempf nous indique que « la cyberdéfense appartient avec le nucléaire et le renseignement au cœur de la souveraineté des États [1] ».

Dans ce contexte, certains la définissent comme étant :

> *Un mécanisme de défense des systèmes d'information et du réseau informatique d'un État, qui se caractérise par un large éventail d'activités visant à protéger les entités concernées et à réagir rapidement à une menace*[2].

Pour d'autres encore :

> *Il s'agit du concept de sécurité nationale et militaire d'un État qui tient compte du cyberespace, des technologies de l'information, des besoins de protection et de défense de ses infrastructures vitales et de l'évolution de la manière de faire la guerre, y compris par des moyens non militaires*[3].

La cyberdéfense dans cette seconde perception comprend donc la protection des infrastructures critiques, des organisations d'importance vitale, des entités gouvernementales et autres réseaux essentiels, *ainsi que la riposte*. Elle englobe les notions d'informatique offensive et défensive. En cela, tout en étant complémentaire, elle se distingue clairement de la cybersécurité. C'est une

---

[1] Olivier Kempf, *Introduction à la Cyberstratégie*, Economica, 2012.
[2] *Ibid.*, p. 10.
[3] *Guide pratique de cybersécurité et de cyberdéfense*, OIF, 2016.

conception que nous partageons entièrement, et c'est ainsi que nous l'entendons dans le reste de l'ouvrage.

Cependant, il est important de noter que quand on parle de cyberdéfense, il ne s'agit pas que d'une question militaire. Nous l'avons évoqué, la nature même du cyberespace fait que les actes de cybermalveillance sont aussi l'apanage d'individus ou de groupes organisés (hacktivist). De plus, beaucoup de solutions innovantes [et qui deviennent vitales pour un État] sont aussi développées par le secteur industriel civil. L'implication du secteur privé et de la société civile dans ce changement de paradigme en Afrique est donc déterminante.

Malheureusement, si en Occident cette réflexion sur le concept de cyberdéfense a lieu depuis presque deux décennies maintenant, c'est à peine si on effleure ce débat sur le continent africain. En effet, on observe ces dernières années la montée en puissance d'une littérature et l'organisation régulière d'événements sur les thèmes de cybersécurité et cybercriminalité en Afrique, notions sur lesquelles les dirigeants africains sont de plus en plus sensibilisés et les ingénieurs de plus en plus formés (avec de nouveaux modules en la matière ajoutés dans les cycles classiques de formation en ingénierie informatique). Toutefois, il existe très peu de productions des intellectuels et chercheurs africains qui vont en profondeur sur ces thèmes, et presque aucun n'aborde rigoureusement le concept de cyberdéfense d'un point de vue africain.

L'exception qui confirme la règle est le célèbre auteur camerounais Jean-Paul Pougala, qui y a fait allusion dans l'une des leçons qu'il publie régulièrement sur ses différentes plateformes en ligne. En effet, dans sa Leçon de géostratégie africaine n° 45 intitulée « Quel système de défense pour l'Afrique ? » publiée en décembre 2012, ce théoricien du concept de géostratégie africaine fait preuve d'une grande clairvoyance sur cette thématique qui semble pourtant encore taboue dans les milieux académiques et intellectuels sur le continent.

Le fondateur de l'IEG (l'Institut d'études géostratégiques) est ainsi l'un des premiers Africains (le premier à ma connaissance) qui, dans son analyse en 2012, nous prévient déjà du changement de la nature de la guerre et des mécanismes de défense à mettre en place sur le continent.

À cette époque, il démontre la désuétude de l'arme nucléaire comme idéal pour l'arsenal de défense des pays africains, et s'appuie sur les évolutions de la cyberguerre (en prenant l'expérience de la Chine en exemple) pour introduire la nécessité de considérer plutôt l'outil cyber comme pilier dans un système de défense d'avenir.

Au niveau du désormais fameux passage « Quelles leçons pour l'Afrique ? » dans cette leçon n° 45, voici ce qu'il disait précisément :

> *Pendant des siècles, l'Afrique s'est montrée vulnérable à cause de sa complète faiblesse dans la guerre conventionnelle avec l'ennemi occidental. La construction de plusieurs bombes atomiques ne garantira nullement sa sécurité, puisqu'elle devra pour y parvenir s'endetter auprès de ses potentiels ennemis et faire venir des experts non africains pour la construire, ce qui est doublement puéril et stupide. Par contre, se doter de l'arme de la cyberguerre est de loin plus indiqué pour dissuader ses agresseurs, parce qu'un virus informatique coûte à peine quelques dizaines de milliers de francs CFA et une poignée d'informaticiens pour déstabiliser le réseau électrique dans le pays ciblé. Sur ce point, il existe un fort déséquilibre entre l'Afrique et le reste du monde et [il] tourne à l'avantage de la première.*

Jean-Paul Pougala poursuit son analyse en postulant que :

> *C'est peut-être le seul exemple où le retard de la connectivité africaine devient un atout, puisqu'il sera plus facile pour un pays africain attaqué d'éteindre les ascenseurs, les métros, les trains dans le pays agresseur que pour ce dernier de répliquer de même au pays africain. En général [nous dit-il], dans la cyberguerre, les attaques ne sont même pas nécessaires, parce qu'il suffit de quelques incursions de repérage dans les ordinateurs. Le deuxième avantage de l'Afrique dans la cyberguerre réside dans ce qu'on appelle en langage militaire « l'avantage offensif », c'est-à-dire qu'il suffirait de peu de moyens à l'Afrique pour titiller ceux qui représentent pour elle une menace, alors que ces derniers auraient besoin de beaucoup plus de moyens pour se protéger d'un tel titillement.*

Le géostratège, très attentif aux évolutions du monde et très au fait des grandes orientations stratégiques des puissances, posait ainsi le premier cadre théorique pour une cyberdéfense africaine ! S'inscrivant dans la continuité du cadre ainsi posé, Djimgou Ngameni est l'auteur d'un récent ouvrage[1] consacré spécifiquement à l'exégèse des concepts de souveraineté numérique et de cyberdéfense en Afrique, essayant, entre autres, de démontrer l'ampleur de la cyberguerre et son impact sur les intérêts fondamentaux et la sécurité des États africains.

Ainsi, comme nous le révèle l'ouvrage susmentionné, cette nouvelle approche de protection du cyberespace africain peut s'articuler autour de quelques grands axes, visant principalement à faciliter la coopération civilo-militaire en matière de développement des capacités de cyberdéfense et à engager la construction d'une base industrielle et technologique de défense en Afrique. Ces

---

[1] Djimgou Ngameni, *Souveraineté numérique et cyberdéfense : un enjeu de taille pour l'Afrique*, LARC, 2021.

grands axes, qui devront être portés au plus haut niveau de l'organisation continentale, sont les suivants :

– Rechercher des synergies entre le secteur militaire et les programmes civils de recherche et développement à double usage, et examiner l'intégration d'une dimension cybersécurité et cyberdéfense lors de leur mise en place ;

– Partager les agendas de recherche sur la protection du cyberespace entre les institutions et agences de l'UA (par exemple, le programme de recherche stratégique sur la cyberdéfense), notamment par le biais de la coopération entre les États, et partager les feuilles de route et les actions qui en découlent ;

– Développer un écosystème cyberindustriel avec des grappes d'innovation couvrant l'ensemble de la chaîne de valeur de la cybersécurité et de la cyberdéfense en s'appuyant sur les connaissances produites par les milieux académiques et les laboratoires d'idées[1] (think thank), l'innovation technologique des PME, et le secteur industriel ;

– Identifier les produits, technologies, solutions et services informatiques clés dont la maîtrise est essentielle à la souveraineté numérique de l'Afrique, afin d'y accentuer les moyens de recherche et de développement industriel ;

– Explorer, identifier et cartographier de façon précise toutes les zones dans tous les pays africains où l'on trouve des terres rares et autres métaux servant à la fabrication de composants électroniques (tantale et coltan en République démocratique du Congo, mines du Burundi, etc.), et mettre en place une stratégie globale et cohérente de leur exploitation afin d'accompagner la vision industrielle du continent.

---

[1] À l'instar du LARC (Laboratoire africain de recherches en cyberstratégie), qui est le tout premier laboratoire d'idée sur le cyberespace en Afrique.

– Soutenir la cohérence des politiques et initiatives de l'UA pour veiller à ce que les aspects politiques et techniques de la cyberprotection restent à la pointe de l'innovation technologique et que cela soit harmonisé dans l'ensemble des États (analyse et évaluation des cybermenaces, initiatives de sécurité, accès à la technologie, etc.) ;
– Soutenir activement les synergies entre le développement de la politique industrielle de cybersécurité civile entreprise au niveau national par les États membres et les niveaux sous-régional et continental. La protection du cyberespace africain ne saurait être l'affaire d'un seul pays, fût-il organisé plus que d'autres, émergent ou non, en paix ou en guerre.

III – Les missions stratégiques de cyberdéfense

Plusieurs groupes d'experts dans le monde ont travaillé sur cette question, afin de déterminer quelle serait la façon la plus optimale de mettre en place un mécanisme efficace de cyberdéfense au niveau d'un État. Il s'en est dégagé un consensus sur une série de missions clés qui, prises en compte lors de l'élaboration d'une politique publique en la matière, permettent de couvrir raisonnablement le périmètre nécessaire pour avoir un dispositif de cyberdéfense qui tienne la route. Libre à chaque pays, sur la base de ces grandes missions, de décliner les mesures spécifiques à son contexte et à son niveau de maturité sur le sujet.

Ainsi, afin d'orienter sa propre vision, chaque État africain pourra certainement s'inspirer de ces missions stratégiques de cyberdéfense qu'on peut considérer comme génériques. Ce qui n'empêche pas de développer des capacités adaptées permettant de les mener dans des conditions spécifiques à leur contexte (notamment en combinant avec les grands axes évoqués *supra*). Ces six principales missions sont :

La Prévention : C'est une mission de sensibilisation pour la prise de conscience de tous les acteurs sur les risques du numérique au regard des menaces que représentent les cyberattaques pour les entreprises, les citoyens et l'État.

L'Anticipation : Cette mission, qui vient en complément des actions de sensibilisation des cibles potentielles, permet de prendre les dispositions techniques pour anticiper le maximum de cyberattaques possible, en étudiant les menaces, les groupes d'attaquants existants ou émergents et leurs modes opératoires.

La Protection : Cette mission correspond à la mise en place des dispositifs de protection des systèmes d'information efficaces et résilients, afin de compliquer au maximum la tâche aux cyberattaquants.

La Détection : Cette mission capitale consiste en la mise en place d'un dispositif efficace capable de détecter des attaques en cours par l'observation des effets de l'attaque ou l'identification des modes opératoires en s'appuyant sur la capacité d'anticipation.

L'Attribution : C'est une mission essentielle qui consiste, après avoir détecté et contenu une attaque, à récupérer les indices pour pouvoir investiguer et remonter jusqu'à la source afin de lancer les poursuites judiciaires si nécessaire. Le commanditaire pouvant souvent être un autre État, l'attribution finale et publique relève plus d'une décision politique que technique.

La Réaction : Il s'agit pour cette mission d'être en mesure de remettre rapidement les systèmes d'information attaqués en état de fonctionnement, tout en se rassurant qu'il n'y a pas de porte dérobée permettant à l'attaquant de s'installer à nouveau dans le système. À la suite d'une cyberattaque sur des intérêts de souveraineté d'un État, il peut aussi s'agir ici d'une mission de riposte par une cyberopération offensive coordonnée et proportionnée, à titre de « légitime défense » au sens du droit international.

IV – L'enjeu d'une coopération intra-africaine

Comme initiative de coopération intra-africaine au plus haut niveau en matière de transformation digitale, on peut citer l'initiative Smart Africa. Il s'agit d'une démarche panafricaine pour le développement du numérique déjà portée par un ensemble de chefs d'États et de gouvernements qui, conscients de l'enjeu des technologies de l'information et de la communication sur le développement des sociétés africaines, ont convenu de mutualiser leurs efforts pour accroître leur efficacité.

De même, au regard de l'impact global recherché et de l'ampleur des moyens à mobiliser, nous sommes convaincus qu'une démarche similaire est indispensable pour traiter de la cyberdéfense en Afrique. Il nous faut absolument une stratégie panafricaine pour être efficace sur le sujet, contrairement à une approche seulement nationale qui pourrait s'avérer trop partielle et inopérante.

Toutefois, pour réussir à l'échelle africaine, il faut une participation active et effective de la plupart des pays, le rôle de chacun étant ici capital pour faire fonctionner l'ensemble. L'investissement de l'UA dans cette démarche à travers ses différentes instances compétentes en la matière est donc indispensable. Car on sait très bien que l'évolution rapide des cybermenaces rend d'autant plus importants les besoins en ressources humaines, en investissement, en capacités techniques et infrastructurelles, etc.

Face à ces enjeux, penser la stratégie de façon plus globale permettra de mieux utiliser les moyens à disposition, en fonction des atouts de chacun. Par exemple, si une école supérieure spécialisée en cyberrenseignement et cyberdéfense doit être créée dans le cadre de cette vision, il faut intégrer dès la conception sa vocation panafricaine avec des mécanismes permettant d'accueillir les étudiants venant de tout le continent. S'il faut créer un organisme d'homologation et de certification du matériel et des logiciels à utiliser dans les infrastructures critiques des États ainsi que dans leurs organisations d'importance vitale, le faire dans un ou deux pays avec des moyens mutualisés afin de desservir l'ensemble serait un atout.

V – Quelques mesures urgentes pour la protection du cyberespace africain

Au-delà des grands axes autour desquels peuvent s'articuler le nouveau paradigme de protection du cyberespace africain et les missions universelles de cyberdéfense, il convient d'indiquer quelques mesures précises et concrètes à mettre en place dans l'immédiat afin de matérialiser cette nouvelle donne. Ainsi, tout en nous inscrivant dans la vision de l'initiative Smart Africa et en nous appuyant sur la volonté certaine des États africains, nous pouvons sur la base de tout ce qui précède poser les fondations d'un mécanisme de cyberdéfense et fixer le cadre d'une souveraineté numérique africaine.

Cette nouvelle donne pourrait très bien s'articuler autour de la Politique africaine commune de sécurité et de défense (PACSD) [adoptée par l'Union africaine en 2004], instance continentale qui associe des objectifs de protection à la fois globaux (continentaux) et locaux (nationaux). La plupart des pays étant déjà dans une trajectoire d'amélioration de leur posture de cybersécurité, examinons les quelques mesures jugées urgentes à prendre au niveau global (africain) afin de basculer concrètement dans le paradigme de cyberdéfense :

Mesure 1 : Création d'une Agence africaine de cyberdéfense porteuse de la vision africaine de souveraineté numérique

Créer une Agence africaine de cyberdéfense (AACD) directement rattachée au conseil de l'UA ou au directoire du consortium Smart Africa, qui devra intégrer à la fois les représentants de tous les États membres et les experts de la société civile africaine ; elle aura pour principale mission entre autres de concevoir, élaborer, et implémenter une vision africaine de la souveraineté numérique, puis de veiller à son amélioration continue. Cette vision devra s'inscrire dans le cadre des missions de la PACSD.

L'AACD pourra avoir comme autres missions de :

– Définir une doctrine d'action africaine en matière de cyberdéfense, axée sur la classification des attaques informatiques en fonction de leur sévérité et impact, et sur la définition des options de réponse et riposte en cas d'incident numérique majeur touchant à notre souveraineté (les intérêts fondamentaux des États, leur sécurité nationale, leur économie, leur autonomie politique, etc.), dans le respect du droit international en la matière ;
– Développer une politique et des lignes directrices cohérentes en matière de sécurité informatique, en tenant compte des exigences techniques de la cyberdéfense dans le contexte de la PACSD pour les structures, missions et opérations, en gardant à l'esprit

les cadres et politiques de coopération existant au sein de l'UA.

– Développer et intégrer dans une planification de niveau stratégique, un concept de cyberdéfense unifié pour les opérations militaires de la PACSD et les missions civiles ;

– Créer un réseau de communication dédié entre les États membres, et aussi entre les systèmes d'information utilisés par les différents acteurs institutionnels de l'UA lors de la conduite des opérations et des missions de la PACSD. Cela va nécessiter des ressources dédiées et une capacité de sécurité informatique en mesure de garantir les échanges à la fois classifiés et non classifiés entre des entités opérationnelles.

– Accélérer la mise en œuvre et le fonctionnement effectif du AfricaCERT créé depuis 2015 (Africa Computer Emergency Response Team), avec son rôle de structure centrale de coordination de la réponse en cas d'incident pour toutes les institutions centrales, organes et agences de l'UA et dans le cadre des règles pertinentes de coopération. Cet organe visera à améliorer la résilience des réseaux en servant de plateforme de prévention, de détection, de contrôle et de réponse aux incidents et aux APT (Advanced Persistent Threats, ou Menaces permanentes avancées) sur le cyberespace africain, ainsi que d'échange d'informations et de mécanismes d'alerte rapide. Une stratégie de coopération entre l'AfricaCERT, les CERT nationaux, et les autres capacités existantes au sein de l'UA en matière de cybersécurité doit également être rapidement développée ; créer aussi des CERT spécifiques pour les armées dans chaque État membre et améliorer leur coopération sur une base volontaire afin d'optimiser la prévention et le traitement des incidents ;

– S'appuyant sur les structures existantes (y compris CERT local et AfricaCERT), renforcer la capacité d'évaluation et d'analyse des cybermenaces pour identifier les nouveaux cyberrisques et fournir régulièrement des grilles d'appréciation de ces risques, fondées sur une analyse stratégique des menaces et des informations en quasi-temps réel.

– Promouvoir le partage d'informations en temps réel sur les cybermenaces entre les États membres et les entités concernées de l'UA. À cette fin, des mécanismes de partage de l'information et des mesures de renforcement de la confiance doivent être développés entre les autorités nationales et africaines compétentes, au moyen d'une approche volontaire fondée sur la coopération existante ;

– Mettre en œuvre une coordination de la cyberdéfense permettant de réaliser les objectifs liés à la protection des réseaux utilisés par les acteurs institutionnels de l'UA soutenant la PACSD ;

– Examiner régulièrement les besoins en ressources et les autres décisions politiques pertinentes en fonction de l'évolution de l'environnement des menaces, en consultation avec les groupes de travail, les groupes d'experts et d'autres institutions concernées de l'UA.

Mesure 2 : Développement des cybercapacités défensives et offensives par les États membres de la PACSD

Afin de garantir la mise à niveau de la Politique africaine commune de sécurité et de défense (PACSD) en intégrant les aspects cyber, l'accent doit être mis sur l'amélioration de la protection des réseaux de communication existants, et sur la mise en œuvre/développement des capacités de cyberdéfense pour assurer les missions et opérations de la PACSD. Pour pouvoir y parvenir, les États membres devraient coopérer avec les industries et les organisations du secteur privé africain pouvant efficacement soutenir cette démarche.

Les opérations militaires et de renseignements de la PACSD reposant sur une infrastructure informatique de commandement, de contrôle, et de communication, les exigences en matière de développement des capacités et des technologies de cyberdéfense devraient faire l'objet d'un certain degré de convergence stratégique lors de la planification, et porter sur l'ensemble des aspects pouvant garantir l'efficience du dispositif. Il faudra donc prendre en compte la redéfinition ou la mise à niveau de la doctrine, du leadership, de l'organisation, du personnel, de la formation, de la technologie, de l'infrastructure, de la logistique et de l'interopérabilité.

Mesure 3 : Développement d'une filière industrielle africaine de cyberdéfense dans le cadre d'une synergie civilo-militaire.

Cela ne fait aucun doute, l'industrie est une composante essentielle dans une démarche de souveraineté numérique durable. Avec l'accélération des mutations numériques et, donc, l'explosion des besoins en produits de cette industrie, cela représente de nos jours un réel avantage stratégique et économique pour les grandes puissances, qui n'hésitent pas à en tirer profit, mais aussi un sérieux handicap pour les pays qui semblent avoir loupé les grands moments de mutation industrielle et technologique et qui se retrouvent aujourd'hui exclusivement consommateur de ces produits, comme c'est le cas pour les Africains.

Ainsi, le développement d'une filière industrielle prenant un certain temps, une stratégie et des moyens (aussi bien financier qu'humain) importants, il faut donc commencer par mettre en place dans l'urgence un processus de certification et d'homologation par l'AACD de tous matériels/logiciels qui doivent être utilisés au sein des systèmes d'information des États et des infrastructures d'importance vitale de l'UA, sur la base de nos propres normes organisationnelles et techniques de sécurité et de défense, qu'il faudra aussi définir par ailleurs. Cela évitera à l'Afrique de dépendre des accords et des technologies extérieures qui au-delà du prétexte d'être des accélérateurs de développement, contribuent à nous maintenir dans un système de dépendance durable.

Mesure 4 : Création d'une plateforme de formation, d'éducation et d'exercices de cyberdéfense

Afin de développer une culture de cyberdéfense commune à tous les niveaux de la chaîne d'implémentation de la PCASD, il est indispensable de mettre en place un programme de formation commun au niveau africain en matière de cyberdéfense, avec un budget spécial et des objectifs clairs, tels que la création d'un centre de formation à la cyberdéfense (avec des programmes de formation ouverts à tous les États membres de l'UA afin de favoriser une culture partagée en la matière), le recensement de toutes les compétences africaines formées et certifiées en matière de cybersécurité/cyberdéfense et capables de mettre leur expertise au service de l'AACD pour participer au renforcement des capacités humaines sur le continent, etc.

Malgré son retard sur cette problématique, l'Afrique n'a aucun complexe à avoir et peut même à terme proposer des innovations technologiques au monde entier, à condition de fournir les efforts nécessaires et de s'appuyer sur son propre paradigme, son expérience historique et son héritage scientifique.

De même, il est nécessaire de mettre en place des plateformes d'exercices de cyberdéfense pour les acteurs militaires et civils prenant part à la mise en œuvre de la PCASD, ce qui peut commencer par *l'intégration d'une dimension « cyberdéfense » dans les scénarios d'exercices militaires multilatéraux existants*. Les exercices conjoints servent d'outil pour développer une connaissance et une compréhension communes de la stratégie opérationnelle de cyberdéfense. Cela permettra aux forces nationales de mieux se préparer à fonctionner dans un environnement multinational de plus en plus hostile, en renforçant également l'interopérabilité et la confiance.

Mesure 5 : Promouvoir l'adoption du nom de domaine.africa

Lors de son 29e Sommet qui s'est tenu à Addis-Abeba en Éthiopie le 3 juillet 2017, l'Union africaine (UA) a officiellement lancé le nom de domaine « . africa », comme première étape pour la construction de l'identité numérique du continent. Il a été annoncé dans la foulée une campagne de sensibilisation pour inciter les entreprises et institutions africaines à adopter le nouveau nom de domaine africain, afin de raconter notre propre histoire.

À titre de rappel, pour pouvoir communiquer avec une autre personne sur Internet, tout internaute doit entrer une adresse unique dans le navigateur de son ordinateur (ou son Smartphone), afin que les ordinateurs en communication sachent où et comment se trouver. C'est ce qu'on appelle le « système de nom de domaine », qui correspond à un simple annuaire contenant d'un côté le numéro unique des machines connectées (adresse IP) et de l'autre le nom que l'internaute saisit pour communiquer avec la machine qu'il souhaite (google.com par exemple). Cette fonctionnalité est en général transparente pour l'internaute, et gérée par les serveurs de nom de domaine (serveurs DNS).

Les enjeux économique et stratégique du système de nom de domaine (DNS)

Nombreux sont les experts africains qui avaient accueilli la nouvelle du lancement d'un nom de domaine panafricain avec beaucoup d'enthousiasme. Car beaucoup l'oublient souvent, à l'heure du tout numérique, le nom de domaine est un enjeu stratégique et d'intelligence économique majeur, qui contribue à définir les concepts complexes de cyberterritoire et de souveraineté numérique.

En effet, au niveau de la couche logique du cyberespace, le volume de noms de domaine actifs peut constituer un élément pertinent pour évaluer le poids de votre présence en ligne, mais aussi pour théoriser la notion de « frontières numériques ». L'espace que vous occupez est ainsi proportionnel au nombre d'utilisateurs des noms de domaine sous votre contrôle (plus votre extension est utilisée, plus vous marquez votre identité et votre territorialité sur le plan numérique).

Si l'on suit cette logique, il est donc raisonnable de dire que le cyberterritoire africain est (au moins de ce point de vue) envahi, car aujourd'hui encore sur près de 527 millions d'utilisateurs actifs d'Internet sur le continent[1], le nombre d'extensions nationales en utilisation est à peine de 3 millions dans toute l'Afrique. La raison en est simple, c'est que la plupart des internautes préfèrent les extensions « .com » ou « .net », et les organisations internationales privilégient le « .org » ou encore « .int ». Ces noms de domaine très courus sont d'un point de vue technique plus stables, plus fiables et, donc, plus pratiques. Ce qui, en plus de leur ancienneté, peut expliquer leur popularité.

Paradoxalement, plusieurs années après le lancement officiel du domaine « .africa », même les institutions continentales, qui pourtant dans le discours promeuvent l'usage des noms de domaine africains, ne prêchent pas par l'exemple ! C'est le cas de l'Union africaine (au.int), de l'entité en charge de la transformation numérique du continent (smartafrica.org), de la Communauté économique et monétaire de l'Afrique centrale (cemac.int), de la Communauté économique des États de l'Afrique de l'Ouest (ecowas.int), etc. Cette pratique démontre une mauvaise compréhension des enjeux, et pose plus globalement le problème de la souveraineté numérique.

Pourquoi ? Tout simplement parce que ces noms de domaines appartiennent aux États-Unis. Nous contribuons de ce fait à augmenter leur présence, leur influence et donc leur puissance en ligne, tout en perpétuant notre dépendance. De plus l'ICANN (Internet Corporation of Assigned Names and Numbers), organisation mondiale responsable de la racine du DNS d'Internet depuis l'origine, est de droit américain et sous le contrôle du département du Commerce américain (malgré la réforme de 2016).

---

[1] Source : Information sur le site Internet World Statistics, consulté le 31 mai 2020.

Autrement dit, cet organisme allouant les noms de domaines par délégation à tous les pays/zones du monde est un instrument d'intelligence économique des États-Unis. Il serait naïf et imprudent de le considérer autrement, ce que nous ne semblons pas avoir compris en Afrique. La Chine et la Russie ont d'ailleurs manifesté plusieurs fois leur mécontentement de cette mainmise américaine, en demandant sans succès le passage de l'ICANN sous la gouvernance de l'ONU. Ce qui a poussé ces pays à prendre des mesures de précaution pour maîtriser leur espace numérique (si bien qu'on parle aujourd'hui d'un Internet chinois ou d'un Internet russe).

Au-delà de la présence numérique déjà évoquée, imaginez ce que cela fait en recettes pour le Trésor américain à chaque fois que quelqu'un dans le monde achète un nom de domaine sous leur contrôle (environ 10 $/an pour chaque nom de domaine acheté), sachant qu'une partie du montant est allouée par délégation à l'ICANN (comme frais de service), et l'autre partie appartient aux entreprises qui administrent le domaine en question.

Les statistiques de 2020[1] estiment à environ 148 millions le nombre de sites web en .com, 13 millions en .net, 10,3 millions en .org, 6 millions en .info, 2 millions en .biz, etc. Faites vous-même le calcul !

Ces noms de domaine suscités sont aujourd'hui encore les plus utilisés dans tous les pays africains (même en Afrique du Sud ou au Nigeria, qui sont les pays les plus présents en ligne sur le continent, le .com passe avant leur domaine propre — .za et .ng — en termes de volume d'utilisation[2]). Voilà comment nous enrichissons le Trésor

[1] Source : Statistiques sur le site DOMAINTOOLS, consulté le 31 mai 2020.

[2] Source : Statistiques sur le site Domain Name Stat, consulté le 31 mai 2020.

américain tout en augmentant leur influence numérique : d'où l'importance de cette problématique.

Le lancement du domaine « .africa », lueur d'espoir pour une prise de conscience

Au regard de tout ce qui précède, le lancement du « .africa » constitue une réelle avancée vers la reprise en main de la souveraineté numérique du continent, au moins en marquant progressivement sa présence dans le cyberespace et en affirmant son identité en ligne. C'est un atout important et non négligeable en matière de cyberdéfense, et de stratégie globale d'un développement endogène du numérique en Afrique. Car, en tant que nom de domaine de premier niveau (Top Level Domain) géré (par délégation de l'ICANN) par l'entreprise ZA Central Registry NPC trading basée en Afrique du Sud, le « .africa » qui identifiera l'Afrique entière comme une région numérique est donc adéquat pour représenter les entreprises, organisations et institutions panafricaines, tout en permettant aux noms de domaines de chaque pays de bien exister localement pour représenter chaque nation (ex :.cm, .tg, .gh, etc.).

De façon générale, l'adoption massive des noms de domaine africains (aussi bien le « .africa » que les domaines pays) est une étape importante, voire indispensable, afin de réaliser les projets d'« identité numérique africaine » et de « marché numérique unique africain » portés par l'Union africaine et l'organisation panafricaine Smart Africa. Car avec un potentiel de 527 millions d'Africains déjà connectés et environ un milliard de plus à connecter dans les années à venir, le simple fait d'utiliser systématiquement les noms de domaine africains nous procure un levier à la fois économique (avec notre masse critique, le bénéfice dégagé sur la vente de ces domaines peut financer plusieurs projets), symbolique et même stratégique. De plus, tous les détenteurs de domaines africains, même à partir de l'extérieur du continent, auront plus facilement accès à la nouvelle Zone de libre-échange continentale (ZLEC) qui [d'après plusieurs études] regorge d'un fort potentiel de croissance.

Avec seulement environ 25 000 enregistrements[1] aujourd'hui, et malgré tous ses avantages, que les Africains ne semblent pas encore avoir perçus, ce nom de domaine panafricain a encore beaucoup de chemin à faire. Pendant ce temps, la plupart des géants du numérique (GAFAM, etc.), qui ont bien évidemment saisi ce potentiel, avaient réservé leur domaine en « .africa » bien avant le lancement officiel. De même, parmi les entreprises qui sont accréditées pour vendre ce nom de domaine africain (Domain Name registrars), la plupart ne sont pas basées sur le continent. Si rien n'est fait, c'est elles qui capteront la valeur sur les ventes en nous dépouillant au passage du levier économique évoqué *supra*.

Il est donc urgent pour l'Union africaine et toutes les entreprises, institutions et organisations à vocation panafricaine qui malheureusement utilisent aujourd'hui encore les noms de domaines génériques, de montrer l'exemple en migrant sans délai vers le « .africa ». Ainsi, c'est en toute crédibilité que ces acteurs pourront s'associer à la fondation (Dotafrica Foundation) qui est en charge de la promotion de ce nom de domaine, pour organiser ensemble une série de campagnes afin de sensibiliser la communauté numérique africaine sur les enjeux et la nécessité de se mettre à jour le plus rapidement possible. L'urgence est absolue et l'enjeu est

[1] Source : Statistiques sur le site registry.africa, consulté le 31 mai 2020.

de taille, surtout si l'Afrique veut limiter sa dépendance et construire sa souveraineté dans le cyberespace autour du slogan « one domain for the entire continent ». Qui que vous soyez, si vous avez un site internet qui a vocation à s'ouvrir sur le reste de l'Afrique, alors n'hésitez plus : contactez immédiatement un revendeur plutôt africain et achetez votre nom de domaine « .africa » !

La nécessité d'un serveur DNS racine propre en Afrique

Au-delà du nom de domaine unique pour le continent, la question du DNS doit être pensée dans le cadre de l'architecture globale d'Internet en Afrique, notamment en harmonie avec les autres piliers de cette architecture technique que sont le routage BGP, la gestion des adresses internet (IP), les points d'échanges internet, etc. C'est ce que s'attèlent à faire les instances techniques de gouvernance d'Internet sur le continent, telles que l'AFRINIC, l'AfTLD, etc., qui en ont la prérogative. Cependant, malgré l'ampleur du travail abattu par ces instances sur le terrain, force est de constater une certaine limite dans leurs actions eu égard à une ambition de souveraineté numérique.

En l'occurrence, sur la question du DNS, la nécessité aujourd'hui pour l'Afrique de posséder au moins un opérateur de serveur DNS racine nous semble tout à fait fondamentale. Le serveur racine dans un système de nom de domaine est une machine située au cœur du dispositif technique sur lequel repose le fonctionnement d'Internet, qui joue un rôle essentiel dans la traduction d'un nom de domaine en une adresse IP, vous permettant ainsi d'accéder à un service en ligne. Il existe aujourd'hui 13 serveurs DNS racines dans le monde dont 8 aux États-

Unis et aucun en Afrique, qui ne dispose que des instances (copies) de serveurs existants.

Ainsi, si pour une raison ou une autre ces copies situées sur le continent n'arrivent plus à accéder aux serveurs racines dont ils dépendent à travers le monde (raison technique, économique, diplomatique, sabotage, etc.), l'accès à Internet s'en trouvera fortement perturbé sur l'ensemble du continent. C'est d'ailleurs pourquoi, suite au débat porté jusqu'à l'ONU quant à l'inféodation de l'ICANN à l'État américain, la Chine et la Russie ont pris de l'avance sur cette question. Comme eux, il s'agit de l'un des sujets sur lesquels nous devons absolument nous pencher dans la perspective de garantir de façon autonome la connectivité aux centaines de millions de citoyens africains ayant aujourd'hui accès à Internet. Va-t-on un jour parler d'un « Internet autonome » ou d'un « Intranet » africain ? L'avenir nous dira…

Mesure 6 : Renforcer la coopération avec les partenaires internationaux

Dans le cadre de la coopération internationale, il est nécessaire d'instaurer un dialogue et de bâtir des espaces de collaboration avec des partenaires à travers le monde, afin d'aller au-delà du cadre de la cybersécurité pour contribuer au développement des capacités de cyberdéfense efficaces. Les États membres développeront cette coopération entre l'UA et les organismes internationaux, dans le respect du cadre institutionnel et de l'autonomie décisionnelle de l'union. Cette action s'inscrira dans ce qu'il conviendra d'appeler une cyberdiplomatie africaine, dont la finalité est aussi de faire entendre la voix du continent sur les questions de gouvernance mondiale du cyberespace.

De façon très concrète, il sera par exemple question de concevoir, de formuler et de proposer une position africaine commune sur les cyberagressions sponsorisées par les États, la souveraineté des données des citoyens africains, la participation et la représentativité du continent dans les instances mondiales de gouvernance du cyberespace, la responsabilité des plateformes étrangères de réseaux sociaux qui opèrent sur le continent, etc.

VI – La révolution numérique : un moment historique

Ce que nous savons très peu en Afrique et qui n'est pas enseigné dans les écoles qui forment nos ingénieurs et autres experts en informatique, c'est comment les géants actuels du numérique tels que les GAFAM font pour garder leur avance technologique. Comment une entreprise technologique telle que IBM a fait pour survivre pendant plus de 100 ans en se réinventant régulièrement ?

En effet, les experts et chercheurs américains estiment que tous les 25 ans environ, il arrive un moment où un changement technologique majeur entraîne une transformation profonde des modèles économiques et sociétaux. C'est ce que certains appellent « disruption » ou « innovation de rupture », du fait de « l'impact exponentiel » qu'on observe pendant ces moments particuliers.

La première fois que cela s'est produit, c'était avec la « loi de Moore », énoncée par Gordon Moore en 1965 et réévaluée en 1975, qui stipulait en résumé que « le nombre de transistors, c'est-à-dire l'élément principal qui compose les processeurs des ordinateurs, doublera tous les 18 mois ». En conséquence, les machines électroniques deviendront de moins en moins coûteuses et de plus en plus puissantes. Pas besoin de vous indiquer que cette loi s'est vérifiée jusqu'aujourd'hui (à peu de chose près), avec l'apparition des puces de plus en plus petites et de plus en plus puissantes dans tous les appareils électroniques que nous utilisons au quotidien (téléphone, montre, tablette, etc.).

La seconde fois c'était à la fin des années quatre-vingt-dix avec la « loi de Metcalfe », une loi théorique et empirique de l'effet de réseau énoncée par Robert Metcalfe, qui stipule que « l'utilité d'un réseau est proportionnelle au carré du nombre de ses utilisateurs ». Autrement dit, plus il y a d'utilisateurs dans un réseau, plus ce réseau aura de la valeur. C'est donc cette loi qui s'applique et explique (au moins en partie) l'avènement des plateformes (telles que Facebook, Google, Amazon, etc.), des écosystèmes numériques, des outils collaboratifs dont le contenu s'enrichit et devient plus efficace de manière encore plus rapide que la vitesse de croissance du nombre des contributeurs (tels que les Wikis, parmi lesquels Wikipédia en premier). La fonction d'échange et de partage est capitale…

À chaque fois que cela s'est produit, les industriels des grands pays, appuyés par leurs États qui adhèrent et s'arriment à ces grandes mutations, se sont emparés de ces lois/phénomènes technologiques pour transformer leurs activités et anticiper sur le monde de demain. Les autres ont naturellement subi ces phénomènes et de ce fait subissent jusqu'à ce jour encore l'hégémonie technologique de ceux qui ont été les « early adopters » (pionniers).

Qu’en est-il de nos jours ?

Aujourd’hui, nous sommes encore dans l’un de ces moments ! L’avènement de l’IA (communément définie comme intelligence artificielle, mais se rapprochant plus de l’intelligence augmentée), de l’impression 3D, des données de masse (*Big Data*) et de la 5G, fait de ces technologies combinées et utilisées ensemble un vrai phénomène disruptif, avec un impact exponentiel aussi bien sur les modèles d’affaires que sur la façon de vivre en société. En gros, l’IA se nourrit des métadonnées et de leur traitement pour proposer des analyses prospectives, prédictives et même rétrospectives, dont l’utilisation par l’homme permet de révolutionner plusieurs secteurs d’activité, les façons de faire, de vivre, de pratiquer de nouveaux métiers en détruisant les anciens devenus obsolètes.

Et plus l’IA (alimentée par l’utilisation massive des plateformes, la prolifération des objets connectés, l’adoption de la blockchain, etc.) aura des données à traiter, plus vite elle apprendra et deviendra plus performante. C’est la notion de « machine learning » (apprentissage automatique). Cela se voit déjà dans plusieurs secteurs tels que la médecine, la banque, l’agriculture, etc., où on constate plus d’efficacité à moindre coût avec des applications concrètes sur le terrain. Nous sommes ainsi au cœur de ce qui a été baptisé « industrie 4.0 ».

Quelle leçon pour l’Afrique ?

L’Afrique a déjà raté l’impact exponentiel qu’auraient pu produire les deux premières lois sur son environnement par manque d’anticipation, et accuse jusqu’à nos jours encore un retard considérablement sur tous les bénéfices que les autres en ont tirés. La conséquence est le manque d'infrastructures, d'industrie technologique performante, de main-d'œuvre suffisamment qualifiée ; elle est obligée d'importer les biens et services de ceux qui ont pris de l'avance, bien sûr à ses dépens ; car, au-delà de l'impact économique gigantesque, l'utilisation d'un matériel ou logiciel fabriqué ou édité par un autre comporte toujours d'énormes risques en matière de cybersécurité/cyberdéfense.

Par exemple, les services de renseignement américains ont longtemps réclamé à leur gouvernement l'interdiction des équipements Huawei et ZTE (notamment les routeurs) sur le marché américain sous prétexte qu'ils servaient d'outil d'espionnage pour le gouvernement chinois sur les entreprises américaines. Ces services ont obtenu du département du Commerce américain en 2008 que soit bloquée la vente de l'entreprise américaine « 3Com » à l'équipementier chinois Huawei, et que ce dernier ne fasse pas partie des constructeurs à retenir pour la mise en place du réseau sans fil d'urgence des États-Unis, tout ceci pour des raisons de sécurité nationale.

Entre-temps, Edward Snowden est passé par là ! En effet, le 12 mai 2014, le journal *The Guardian* révèle que selon un document classé interne à la NSA et datant de 2010, cette agence intercepte aussi régulièrement les cargaisons de matériels à destination de l'étranger (et notamment de l'Afrique) pour y installer des implants (portes dérobées) leur permettant d'établir une connexion à distance une fois l'équipement connecté au réseau.

Cela concerne plusieurs fabricants américains, notamment Cisco, Juniper, Microsoft, qui ont des parts de marché très importantes en Afrique. D'après l'analyse du célèbre expert en sécurité informatique Steve Blank publiée sur le site Australian financial Review, la NSA aurait même inséré des portes dérobées (*backdoors*) de niveau matériel dans les processeurs et puces de marque Intel et AMD, composants qui sont utilisés dans la plupart de nos équipements connectés. C'est pourquoi le gouvernement russe par exemple remplace systématiquement depuis 2014 les processeurs dans tous les équipements en provenance des fabricants états-uniens et devant être utilisés dans une infrastructure sensible.

Les spécialistes européens en cyberdéfense, pour les mêmes raisons, se méfient à la fois des équipementiers chinois et américains, et poussent sans relâche leurs gouvernements à interdire leur utilisation dans les infrastructures d'importance vitale en Europe. C'est un peu le contraire en Afrique, où les constructeurs [tels que le chinois Huawei] se sont bien installés sur le continent avec la bénédiction des dirigeants (car moins chers que les équipements américains qui ont dominé le marché africain depuis bien longtemps), quand bien même tout le monde se méfie (probablement à juste titre) comme indiqué plus haut. Jusqu'en 2022, on continue de retrouver ces équipements au cœur de nos infrastructures stratégiques, malgré de plus en plus de révélations sur le cyberespionnage chinois en Afrique (cf. l'affaire de l'espionnage du siège de l'UA).

Pour dire les choses simplement, lorsqu'on installe un routeur Cisco, un firewall Juniper ou même simplement un ordinateur dans un réseau quelconque en Afrique (même un réseau militaire), les services de renseignement américains seraient déjà capables de s'infiltrer et nous espionner sans qu'on n'en sache grand-chose, en l'état actuel… Voilà pourquoi développer notre propre industrie est capital.

Notons que dans le domaine du numérique, beaucoup d'innovations majeures ont d'abord été d'usage militaire avant de basculer dans le civil. On sait notamment qu'Internet est à la base une création de la DARPA (agence de recherche pour le département de la Défense (DoD) américain) pour des besoins militaires, avant son appropriation par tous les autres secteurs de la société. Des technologies plus récentes comme l'intelligence artificielle, le minage de données (ou *data mining*) et bien d'autres encore sont nées de la nécessité qu'avaient les services de renseignement américains de traiter plus rapidement et plus efficacement les masses de données récoltées pêle-mêle par leurs outils de surveillance à travers le monde, car cela devenait humainement impossible pour les analystes. Voilà comment nous nous retrouvons aujourd'hui avec ces innovations que le secteur économique n'a pas hésité à récupérer pour son usage.

Le continent africain a ainsi l'opportunité ici et maintenant, au regard de la prise de conscience des gouvernements et d'une jeunesse de plus en plus sensibilisée, de saisir cet autre moment que l'histoire lui offre pour bénéficier de cet « impact exponentiel ». Grâce au phénomène de « leaf frog » (saut de grenouille), l'Afrique peut, en saisissant cette opportunité, rattraper significativement son retard et réduire considérablement l'écart numérique. C'est ce qu'ont fait la Chine, l'Inde ou la Malaisie par exemple. C'est ce qu'on observe un peu ces derniers temps à travers l'adoption de la technologie blockchain et l'usage des cryptomonnaies.

Cependant, plus globalement, on constate malheureusement que la plupart des plans numériques en cours d'implémentation dans les pays africains, au lieu de nous permettre de profiter de ce moment unique qui ne se produit pas souvent et qui ne va pas durer, continueront d'alimenter et de perpétuer l'hégémonie technologique qu'exercent les autres sur nous. Pendant ce temps, la Chine, qui est la plus grande usine du monde de fabrication de robots ; les USA, qui ont déjà investi environ 30 milliards de dollars depuis 2005 dans la R&D de l'IA, et la France avec ses 68 laboratoires de R&D sur son territoire pour à peu près une centaine de start-up dans le domaine, sont quelques références qui nous interpellent.

Tous ces pays investissent dans le même temps sur le terrain de l'AI en Afrique, avec la présence des géants comme IBM qui est déjà là, Google et Facebook qui sont en train de mener des actions concrètes sur le terrain (construction de laboratoires au Ghana, au Nigeria et en Afrique du Sud, développement d'applications pour les Africains, etc.).

Risque d'une cyberdépendance durable…

Ayant pris acte du rôle clé que joue la démographie sur le continent africain avec une population d'environ 1,3 milliard de personnes, dont 60 % sont essentiellement des jeunes âgées de moins de 24 ans (chiffre qui d'après les Nations unies devrait doubler d'ici 2050), ces géants de la Silicon Valley considèrent l'Afrique comme leur prochain terrain de croissance privilégié. Cela va se traduire par la captation à la fois des données, des talents, et de la valeur produite par ces derniers au détriment des citoyens du continent.

L'exemple est le géant américain Google, qui, d'après plusieurs sources concordantes (dont Snowden par exemple), est le produit d'une réflexion que la CIA a engagé à la recherche de moyens optimaux pour surveiller les masses de données qui transitent sur le web et traquer les individus en ligne. La plupart des enquêtes sur cette question sont plutôt formelles : avant d'être le mastodonte économique et technologique que nous connaissons aujourd'hui, le numéro un mondial des moteurs de recherche est d'abord un outil de renseignement, dont les recherches ayant initialement conduit à sa création ont été financées par le fameux fonds d'investissement In-Q-Tel[1] (c'est d'ailleurs le cas de la plupart des GAFAM). C'est pourtant de loin le site internet le plus visité au monde, y compris en Afrique. Imaginer l'impact sur l'espionnage et le contrôle des données et de l'information sur notre continent.

Si nous ne faisons rien, un nombre restreint de pays industriellement et technologiquement avancés continueront à étendre leur implantation dans le cyberespace africain, ce qui leur permettra de conforter durablement leur position de domination sur tous les plans (économiques, militaires, etc.). C'est cet état de fait que le Dr Paul Bernal a qualifié de « cybercolonisation ».

Comme précédemment évoqué, une littérature de plus en plus abondante s'est d'ailleurs développée ces dernières années autour de la thématique de la colonisation ou de l'impérialisme numérique dont l'Afrique – y compris de la part de l'Europe – ferait l'objet. Il est donc grand temps pour les acteurs africains (entrepreneurs, conseillers, consultants et surtout gouvernants) de sortir de la logique actuelle de suivisme, de prêter attention aux phénomènes sous-jacents qui expliquent et caractérisent l'effervescence numérique observée partout aujourd'hui, et de mettre en place une stratégie solide de R&D (recherche et développement) et de formation, adéquate et capable d'anticiper au maximum l'impact à long terme de cette disruption sur nos sociétés et notre économie, afin de développer un environnement socio-économique qui va en tirer le maximum de profit pour le bien de tous.

---

[1] In-Q-Tel est un fonds d'investissement américain à but non lucratif créé et géré par la CIA (Central Intelligence Agency). Ce fonds est aujourd'hui au service de toute la communauté américaine du renseignement.

Cela passera par exemple par la formation intensive d'une masse critique de jeunes africains, les moyens de recherche et développement pour produire nos propres matériels/logiciels adaptés à nos environnements, la définition de notre propre méthodologie de collecte et stockage des données, avec une régulation adaptée à leur utilisation et exploitation. Sans quoi nous continuerons à subir cette domination cybernétique que l'Afrique devra assumer.

En plus, mettre en œuvre une réelle stratégie industrielle de confiance numérique pour couvrir les domaines de cybersécurité et de cyberdéfense peut s'avérer aussi un levier économique durable, car en adoptant ce nouveau paradigme, nous constaterons qu'il existe un vaste marché africain, du fait de notre faible niveau global de maturité dans ce domaine. On peut ainsi transformer ce handicap en une opportunité économique viable, en mutualisant les moyens et les efforts pour créer des pôles industriels d'excellence capables d'accompagner la vision africaine de souveraineté numérique.

Ainsi, développer une plateforme de recherche stratégique et technologique en matière de cyberdéfense à usage multiple (civil, militaire, renseignement) en coopération avec le secteur privé et les universités est une étape importante. Cela permettra de bien appréhender les besoins communs et les exigences communes à prendre en compte à l'échelle, afin de développer une industrie africaine de la cyberdéfense efficace et compétitive. C'est pour nous la principale garantie d'une autonomie stratégique de l'Afrique pour la protection de son cyberespace.

Pour réussir, il sera donc essentiel de mettre en place une coopération étroite avec tous les acteurs de la société, en recherchant autant que possible des synergies sur des solutions pointues (notamment en cryptographie, systèmes embarqués, détection de logiciels malveillants, développement des logiciels libres et sécurisés assurant le chiffrement des informations, identification et domaines de la technologie d'authentification, etc.). Il sera également important de favoriser une chaîne d'approvisionnement africaine de la cybersécurité assurée et compétitive en soutenant le développement d'un secteur africain de la cybersécurité solide, notamment en impliquant les petites et moyennes entreprises (PME). Le modèle israélien peut nous aider dans cette démarche.

De toute façon, pour être tout à fait complet et pertinent, l'ensemble de ces initiatives doit s'inscrire dans un vaste programme d'industrialisation numérique de l'Afrique. L'élaboration d'un tel programme permettra d'auditer toute la chaîne de valeur du numérique en partant des matières premières, passant par la production d'énergie en quantité suffisante et la maîtrise de l'électronique, avant de parvenir aux plateformes et aux services numériques en bout de chaîne. C'est aussi en concevant ce programme sur la base d'un modèle endogène d'innovation technologique que l'on comprendra clairement pourquoi les Africains doivent cesser de suivre les tendances conceptuelles qui leur sont imposées (du type « industrie 4.0 ») dans une logique purement idéologique.

L'efficacité d'une telle démarche repose donc aussi sur un préalable théorique et conceptuel qu'il nous appartient de concevoir (par exemple, quel est le modèle ou l'approche d'innovation technologique qui soit propre à l'Afrique, c'est-à-dire en conformité avec ses valeurs et ses intérêts ?). Djimgou Ngameni propose les fondements d'une telle démarche dans son ouvrage *Cyberstratégie africaine*, tome I, paru en 2022 aux Éditions LARC. En plus d'examiner les conditions de conception et d'implémentation d'une stratégie efficace des Africains dans le cyberespace, cet ouvrage envisage pour la toute première fois l'hypothèse du *continent africain comme cyberpuissance* au même titre que la Chine, la Russie, etc.

Vous l'aurez compris, nous sommes bien loin d'avoir épuisé le sujet ! Beaucoup reste encore à faire pour bâtir et consolider la souveraineté de l'Afrique et des Africains dans le cyberespace. Étant donné que nous avons montré comment la notion de colonisation de l'espace numérique trouve un usage pertinent sur le continent, forte du contrôle exercé par les multinationales étrangères sur les câbles sous-marins, les satellites, les centres de données, les algorithmes, les terminaux, etc. Résumons les débats à travers un dernier exemple.

S'il y a bien un opérateur qui illustre l'usage pertinent du concept de cybercolonisation en Afrique en ceci qu'il contrôle les canaux de connexion et les infrastructures d'hébergement de données, c'est bien le géant chinois des télécoms (que le lecteur reconnaîtra certainement à sa description) dont on peut dire aujourd'hui qu'il est la pierre angulaire du dispositif des infrastructures de connectivité et de télécommunication en Afrique. Arrivé sur le continent en 1998 par le Kenya, ce géant chinois est de nos jours présent dans une quarantaine de pays africains. Ayant déjà installé jusqu'à 70 % des réseaux 4G sur le continent, l'opérateur chinois est en train de faire de même pour plusieurs nouvelles technologies (5G, fibre optique, vidéosurveillance, Intelligence artificielle, etc.) dans le cadre des différents projets dits de « ville intelligente » (*smart city*) qu'il parraine dans plusieurs pays (Zambie, Kenya, Afrique du Sud, etc.).

En effet, en tant qu'acteur important sur plusieurs segments de marché (constructeurs d'équipements, opérateurs télécoms, fournisseurs de services numériques), il est le partenaire privilégié de la plupart des opérateurs de télécommunication sur le continent (aussi bien les plus gros opérateurs locaux tels que Safaricom, Globacom, MTN,

Telkom, Airtel, que les opérateurs étrangers massivement implantés sur le continent tels qu'Orange télécom). De plus, il représente le second fournisseur de smartphone sur le continent, et le principal partenaire technique dans le cadre des partenariats sino-africains pour la fourniture des équipements technologiques installés dans nos infrastructures critiques. Ce n'est donc pas une surprise si, d'après le rapport de l'ONG américaine The Heritage Foundation précédemment cité, cet opérateur est en bonne place parmi ceux ayant équipé la plupart des bâtiments que la Chine a offerts aux pays africains (186 au total selon le rapport), parmi lesquels les palais présidentiels, sièges institutionnels, infrastructures militaires, etc.

De notre point de vue, le positionnement inédit ainsi décrit de l'opérateur chinois sur la scène africaine, qui se traduit mécaniquement par une forte dépendance technologique et une perte de souveraineté de nos États sur le plan cybernétique, correspond exactement à la définition du cybercolonialisme proposée par l'*Oxford Dictionary*.

Ce qui peut sembler tout à fait ironique du point de vue chinois quand on sait qu'en 1994 déjà, Ren Zhengfei, le très célèbre fondateur de ce géant des télécoms affirmait que :

> *Les télécommunications sont une affaire de sécurité nationale. Pour une nation, ne pas posséder ses propres équipements dans ce domaine, c'est comme ne pas avoir d'armée*[1].

Visiblement conscients des enjeux, nous pouvons légitimement considérer qu'il y a bien chez ces entrepreneurs étrangers une intention de conquérir et de dominer l'Afrique en assiégeant ainsi le marché continental avec leurs équipements de télécommunication, fragilisant de fait la sécurité nationale de nos États.

---

[1] Cité dans Yun Wen, *The Huawei Model. The Rise of China's Technology Giant*, University of Illinois Press, Champaign (Illinois), 2020.

Conclusion

Dans un contexte de digitalisation accélérée entraînant l'accroissement et la complexification à la fois des cyberrisques et des cybermenaces, les pays les plus connectés n'hésitent pas à s'appuyer sur les outils numériques pour asseoir ou étendre leur influence [politique, économique ou stratégique] dans le monde. Par ailleurs, le cyberespace est désormais reconnu par le droit international (charte de l'ONU) et par les organisations de défense (l'OTAN par exemple) comme étant le cinquième domaine de souveraineté militaire au même titre que la terre, la mer, l'air et l'espace extra-atmosphérique.

Car la réussite des opérations militaires et des missions de renseignement, ainsi que la compétitivité économique en sont de plus en plus dépendantes, aussi bien en termes d'accès que de disponibilité. Cela se traduit par la prolifération du cyberarmement et une cyberguerre sans merci dans le monde, dont l'ampleur a été révélée au grand jour par Edward Snowden. Considérant donc la configuration actuelle du cyberespace comme prolongement des logiques de puissance en compétition dans le monde réel, nous avons dans cet ouvrage tenté de le saisir à travers le prisme du concept de colonisation en raison du souci panafricaniste qui voit dans cette configuration un risque possible de cybercolonisation en Afrique.

Entendu d'une part comme un phénomène de privation pour un État de sa faculté inconditionnelle d'accéder librement (indépendance) aux infrastructures qui donnent accès au cyberespace, et d'autre part comme un phénomène de privation pour un État de sa faculté d'exercer le monopole de la contrainte politique, législative et juridictionnelle (souveraineté) sur les données produites à partir de son territoire par ses ressortissants, cet ouvrage fait le constat que la cybercolonisation est bien réelle et en marche sur le continent africain. La forte dépendance technologique (notamment en matière de canaux de communication et de centres d'hébergement de données) de nos États envers des acteurs étrangers n'est que l'une de ses manifestations les plus évidentes.

Face à tous ces bouleversements, alors même qu'elle est le théâtre d'affrontements (économiques et stratégiques) entre les grandes puissances mondiales, l'Afrique accuse un retard important dans l'approche de la protection des activités numériques. Plusieurs rapports montrent clairement non seulement que la plupart des États n'ont pas suffisamment développé les mécanismes techniques, juridiques et organisationnels permettant d'améliorer leur indice global de cybersécurité, mais surtout que c'est une stratégie qui est maintenant dépassée et donc incomplète pour lutter efficacement contre toutes les nouvelles formes de menaces cybernétiques (et particulièrement le cyberespionnage !) dont nous avons fait un inventaire rapide.

Les technologies du numérique avancent à un rythme effréné, et les mécanismes de protection doivent s'arrimer très rapidement. Le fait que nous soyons presque toujours à la traine en Afrique dans l'analyse, la compréhension et l'intégration de ces changements fait que nous sommes en train de déployer aujourd'hui encore une batterie de mesures de cybersécurité qui correspondent aux cybermenaces d'hier. Ce déficit que nous avons dans l'analyse me semble provenir d'une méconnaissance du cyberespace, faute de travaux d'intellectuels africains permettant d'en avoir une grille de lecture rigoureuse et approfondie.

Ayant pris conscience de tous ces enjeux, les grandes puissances ne se limitent plus aux simples notions de cybersécurité et cybercriminalité qui étaient jadis suffisamment pertinentes pour protéger les citoyens, les organisations et les entreprises dans le cyberespace, tout en inspirant la confiance dans le numérique afin de lutter contre les cybercrimes (du type harcèlement ou escroquerie en ligne, usurpation d'identité, vol de carte de crédit, etc.). Elles ont basculé vers les concepts de cyberguerre et de cyberdéfense (offensive et défensive) afin de mieux faire face aux phénomènes récents (du type cyberespionnage, campagne de déstabilisation et de sabotage numérique, etc.) qui menacent les intérêts de souveraineté des États.

L'Afrique dans sa globalité, n'ayant pas encore pris acte de ce changement de paradigme pour adopter les mesures techniques/organisationnelles adéquates, est aujourd'hui une cible beaucoup trop facile (car sans mécanisme de sécurité et de défense de son cyberespace), mais surtout un acteur involontairement et inconsciemment impliqué dans les opérations de cyberguerre à travers le monde (victime des APT de type « botnet » par exemple). Nous sommes ainsi en proie aux programmes de surveillance massive de nos données personnelles et stratégiques (projets Babar, PRISM, Tempora, etc.), à l'espionnage de nos infrastructures d'importance vitale et des bâtiments officiels, à la mise sur écoute de nos élites politiques et économiques (allant jusqu'à nos chefs d'État et de gouvernement). Ce déséquilibre à la fois stratégique et tactique, qui se manifeste par un écart des volumes d'information à disposition pour faire des analyses prospectives et prédictives, a un impact tout simplement catastrophique sur l'autonomie décisionnelle et l'intelligence économique des pays africains.

Pour rattraper le gap, les États africains doivent entamer des actions fortes et rapides en s'appuyant sur les acquis, de préférence dans une démarche panafricaine concertée et consensuelle, car la mise en place des mécanismes de cyberdéfense exigeant une stratégie commune et des ressources (financières, humaines, infrastructurelles, etc.) importantes, la mutualisation des moyens et des efforts est à mon avis la seule chance pour l'Afrique de peser efficacement sur l'échiquier cybergéostratégique mondial.

Nous pouvons par exemple profiter du vent positif apporté par l'initiative « Smart Africa » pour effectuer une transformation profonde de la Politique africaine commune de sécurité et de défense (PACSD) actuellement en vigueur, afin d'y ajouter les mesures indispensables de cyberdéfense. Il sera ainsi question de définir notre propre approche de ces questions avec une stratégie et une doctrine actives, qui impliquent les armées, les services de renseignement et la société civile africaine ; on y ajoutera un plan de développement infrastructurel et industriel des technologies de protection numérique (matériel, logiciel, cyberarmes, etc.), de même qu'une démarche de développement des ressources humaines et de renforcement des capacités en la matière (redéfinition des programmes et offres de formations adaptées, exercices, etc.).

Pour réussir ce pari d'indépendance et de souveraineté numérique et être à la hauteur des enjeux du moment, il faut avoir la capacité de remplir efficacement les missions essentielles de cyberdéfense (prévention, anticipation, protection, détection et réaction/riposte). L'Afrique aura donc besoin de l'implication totale et des efforts concertés de toutes les composantes de la société, chacune dans son domaine (universitaires, industriels et experts, etc.), mais surtout des leaders institutionnels (gouvernants de chaque pays, décideurs de l'Union africaine) qui doivent impulser la dynamique. Il faut réussir à faire de la protection, de la défense et de la souveraineté du cyberespace à la fois une question urgente et une affaire de tous.

En réalité, parler de souveraineté numérique nous oblige à poser d'autres questions qui ne nous viennent pas spontanément, et qui semblent loin de nos préoccupations ! Par exemple, s'il est établi que la souveraineté d'un État doit s'exercer sur un territoire, existe-t-il donc un territoire numérique ? Si oui, comment se matérialise-t-il concrètement pour l'Afrique ? Peut-on ainsi parler d'un cyberespace africain ? Autant de questions sur lesquelles la recherche africaine devra se pencher au plus vite.

Loin de nous la prétention d'avoir épuisé le sujet, nous espérons au moins avoir pu tirer la sonnette d'alarme et éveillé votre curiosité, en tout cas suffisamment pour creuser davantage, enrichir la réflexion et porter le débat partout où besoin sera.

Table des matières

Bibliographie

AMBLARD P., 2004, *La régulation de l'Internet, L'élaboration des règles de conduite par le dialogue internormatif*, Cahiers du CRID, Bruylant.

BROUSSEAU E., 2000, L'auto-régulation nécessite-t-elle un cadre institutionnel ?, dans E. BROUSSEAU, N. CURIEN, (dirs), Economie de l'Internet, Presses de Sciences Po, Ed.

CHEVALIER J., 2001, La régulation juridique en question, *Revue Droit et Société*, 49.

—, 1998, Régulation et polycentrisme dans l'administration française, *Revue administrative*, 301.

MONVILLE C. (dir.), 2001, *Variations sur le droit de la société de l'information*, Cahiers du CRID, Bruylant, n° 20.

LAMY, 2005, *Droit de l'Informatique et des réseaux*, voir le Titre II, La régulation des réseaux.

MALLET-POUJOL N. et VIVANT M., 2000, Panorama du droit de l'Internet, JCP E, p. 1856, n° 5.

MARZOUKI M., MÉADEL C., 2004, *Gouvernance technique et gouvernement politique d'Internet*, Rapport au Programme-Ecole Thématique du GDRTIC.

MICHALET C. À, *Qu'est-ce que la mondialisation ?*, 2004, La Découverte.

PAUL C., 2001, *Du Droit et des libertés sur Internet*, Rapport au Premier ministre, Paris, La Documentation française, coll. Rapports officiels.

PROULX S., MASSIT-FOLLÉA F. et CONEIN B., 2005, *Internet, une utopie limitée : nouvelles régulations, nouvelles solidarités*, Les Presses de l'Université Laval.

RABOY M. et VEDEL T., 2005, La régulation des communications à l'ère numérique, dans PROULX S., MASSIT-FOLLÉA F., CONEIN B., *Internet, une utopie limitée : nouvelles régulations, nouvelles solidarités*, Les Presses de l'Université Laval.

RABOY M., LANDRY N., 2004, *Rapport sur La communication au cœur de la gouvernance globale. Enjeux et perspectives de la société civile au Sommet mondial sur la société de l'information*, Département de communication, université de Montréal.

VEDEL T., Peut-on gouverner l'Internet ? Une perspective démocratique, communication faite au Colloque Internet, nouvel espace public mondialisé, Actes du 28 novembre 2003.

Structures éditoriales du groupe L'Harmattan

L'Harmattan Italie
Via degli Artisti, 15
10124 Torino
harmattan.italia@gmail.com

L'Harmattan Hongrie
Kossuth l. u. 14-16.
1053 Budapest
harmattan@harmattan.hu

L'Harmattan Sénégal
10 VDN en face Mermoz
BP 45034 Dakar-Fann
senharmattan@gmail.com

L'Harmattan Cameroun
TSINGA/FECAFOOT
BP 11486 Yaoundé
inkoukam@gmail.com

L'Harmattan Burkina Faso
Achille Somé – tengnule@hotmail.fr

L'Harmattan Guinée
Almamya, rue KA 028 OKB Agency
BP 3470 Conakry
harmattanguinee@yahoo.fr

L'Harmattan RDC
185, avenue Nyangwe
Commune de Lingwala – Kinshasa
matangilamusadila@yahoo.fr

L'Harmattan Congo
219, avenue Nelson Mandela
BP 2874 Brazzaville
harmattan.congo@yahoo.fr

L'Harmattan Mali
ACI 2000 - Immeuble Mgr Jean Marie Cisse
Bureau 10
BP 145 Bamako-Mali
mali@harmattan.fr

L'Harmattan Togo
Djidjole – Lomé
Maison Amela
face EPP BATOME
ddamela@aol.com

L'Harmattan Côte d'Ivoire
Résidence Karl – Cité des Arts
Abidjan-Cocody
03 BP 1588 Abidjan
espace_harmattan.ci@hotmail.fr

Nos librairies en France

Librairie internationale
16, rue des Écoles
75005 Paris
librairie.internationale@harmattan.fr
01 40 46 79 11
www.librairieharmattan.com

Librairie des savoirs
21, rue des Écoles
75005 Paris
librairie.sh@harmattan.fr
01 46 34 13 71
www.librairieharmattansh.com

Librairie Le Lucernaire
53, rue Notre-Dame-des-Champs
75006 Paris
librairie@lucernaire.fr
01 42 22 67 13